LOCUS

LOCUS

LOCUS

LOCUS

touch

對於變化，我們需要的不是觀察。而是接觸。

touch 69

貝佐斯寫給股東的信
亞馬遜 14 條成長法則帶你事業、人生一起飛
The Bezos Letters
14 Principles to Grow Your Business Like Amazon

作者：史帝夫・安德森、凱倫・安德森
Steve Anderson with Karen Anderson
譯者：李芳齡
責任編輯：吳瑞淑
封面設計：張瑜卿
校對：呂佳真
排版：林婕瀅
出版者：大塊文化出版股份有限公司
台北市10550南京東路四段25號11樓
www.locuspublishing.com
電子信箱：locus@locuspublishing.com
讀者服務專線：0800-006689
TEL：(02) 87123898　　FAX：(02) 87123897
郵撥帳號：18955675　　戶名：大塊文化出版股份有限公司
法律顧問：董安丹律師、顧慕堯律師

總經銷：大和書報圖書股份有限公司
地址：新北市新莊區五工五路2號
TEL：(02) 89902588 (代表號)　　FAX：(02) 22901658
初版一刷：2019年12月
初版四刷：2020年3月

定價：新台幣450元
Printed in Taiwan

貝佐斯
寫給股東的信

亞馬遜14條成長法則帶你事業、人生一起飛

The Bezos Letters

14 Principles to Grow Your Business Like Amazon

Steve Anderson, Karen Anderson 著
李芳齡　譯

目錄

011 原作出版社創辦人的話
012 各界佳評
023 推薦序 有貝佐斯當你的教練，助你走得更快、更遠 麥可．海亞特
027 自序 風險與成長
037 前言 為何撰寫這本書？
053 安德森總結亞馬遜十四條成長法則
055 一九九七年貝佐斯致股東信&亞馬遜十四條成長法則

成長循環：測試

第1章 法則1：鼓勵「成功的失敗」 067
第2章 法則2：下注於宏大構想 085
第3章 法則3：實行動態發明與創新 101

成長循環：建造

第4章 法則4：以顧客為念 117
第5章 法則5：採取長期思維 133
第6章 法則6：了解你的飛輪 149

成長循環：加速

第7章 法則7：產生高速決策 163

第8章 法則8：化繁為簡 185

第9章 法則9：用技術來加快時間 205

第10章 法則10：倡導業主精神 219

成長循環：規模化

第11章 法則11：維護你的文化 233

第12章 法則12：聚焦於高標準 249

第13章 法則13：評量重要的東西，質疑你評量的東西，信賴你的直覺 265
第14章 法則14：永遠保持「第一天」心態 279
第15章 風險與成長心態 291
第16章 亞馬遜之外 305
二〇一八年貝佐斯致股東信&亞馬遜十四條成長法則 317
亞馬遜的常用詞彙 329
致謝 337
注釋 341
推薦書籍 349

謹以本書獻給凱倫，我高中時代的甜心，我的太太，我的朋友。

沒有妳，就不會有這本書，感謝妳相信我！

原作出版社創辦人的話

歷史上，只有少數書籍能夠有機地獲得注意而成為真正特別的東西，對企業領導人起了作用，採取行動，改變他們的航向。身為圖書出版商，我們知道這些書的力量，以及這些書能夠如何改變世界。貝佐斯能夠洞察未來，以過去無人想像得到的方式，把產品遞送到全球各地人們的手上。現在，我們很自豪成為另一本這樣的書籍的出版商，這本書將幫助世界各地的企業成長，持續散播幫助形塑與改善世界的思想與服務，就像貝佐斯那樣。做得好，史帝夫！

——大衛．韓考克（David L. Hancock）

摩根詹姆斯出版公司（Morgan James Publishing）創辦人

各界佳評

我的大部分職涯都是擔任幕後主管，史帝夫．安德森揭露的貝佐斯及亞馬遜使我想起華特．迪士尼（Walter Disney）的遺贈。華特有一個願景，他實現了這願景；貝佐斯有一個願景，他實現了這願景；你也一樣，你可以實現你的願景，而且，若你應用本書中的十四條法則，你將能更快速、更容易地實現你的願景。這本書裡有不少「魔法」，史帝夫，你做得很棒！

——**李．考克瑞爾**（Lee Cockerell）
前迪士尼世界度假村營運執行副總
《落實常識就能帶人》（*Creating Magic*）作者

不久前，我人在歐洲，因為時差，半夜醒來睡不著，便拿起 iPad，開始閱讀此書，然後就欲罷不能了。我心想，這本書可以成為大學教科書了！這是一份年輕人必須擁抱的路徑圖，這本書裡有適用所有年齡層的洞察與瑰寶！史帝夫，你做得好極了，我將長年向他人推薦此書。

——**吉姆．海克巴斯**（Jim Hackbarth）
愛瑞斯全球保險公司（Assurex Global）總裁暨執行長

人們總以為，成功企業有不讓外界得知的祕訣，但史帝夫．安德森從貝佐斯致股東的公開信中萃取出亞馬遜的成功法則，揭露給我們。沒有隱藏於幕後的魔法師，從亞馬遜創立伊始到今天，貝佐斯就把他的思維及策略公諸於世。若你想要一本建造與壯大你的事業的指南，這本書就是你的選擇。

——**米丹恩**（Dan Miller）
《48天找到你愛的工作》（*48 Days to the Work You Love*）作者

本書的可信與真確照亮這個充滿不實成功術的世界，每一封貝佐斯致股東信內含歷經多年勇敢實驗得出的法則，從失敗中學到的啟示，以及引領出今日的亞馬遜的發現。若你正在謀求成長你的事業，本書是你的操作手冊，你應該一再溫習它。若你不是在謀求成長你的事業，這十四條實用法則可以幫助你把想望的境界做到最好。這是一本我將贈送給我的朋友的佳作。

——**肯恩．戴維斯**（Ken Davis）

《充分地活著》（*Fully Alive*，暫譯）作者

史帝夫．安德森敏銳地洞察，貝佐斯刻意擁抱實驗，以幫助他快速得知什麼行得通，什麼行不通。這種測試法可以幫助任何人聚焦於真正重要的東西。簡單講：這是一本必讀之作。

——**葛瑞格．麥基昂**（Greg McKeown）

《少，但是更好》（*Essentialism*）作者

我爸曾對我說：「在逆境中，你可以做出更好的決策，因為你別無選擇。反而是順境時，容易出差錯，因為你有太多選擇。」史帝夫．安德森分析與了解貝佐斯／亞馬遜使用「成功的失敗」，證明我爸說的這些話不完全正確，在順境中，在面對近乎無限的選擇下，亞馬遜也一貫地做出好決策。很棒的一本書，很棒的分析。

——**杜克．威廉斯**（Duke Williams）
Simply Easier Payments, Inc. 創辦人

安德森從隱藏於顯見之處萃取出亞馬遜最重要且一貫的型態，它們就隱藏在貝佐斯致股東信裡，安德森鑽研這些信，不僅得出該公司具有啟示作用的有趣故事，還剖析出促使亞馬遜獲致巨大成長的十四條高效法則。這是一本引人入勝的傑作，充滿如何變得像亞馬遜那樣敏捷、快速、優異的洞察。

——**史蒂芬．羅尼**（Stephen Roney）
羅尼創新公司（Roney Innovations）共同創辦人暨執行長
（電子商務零售商羅尼創新公司是亞馬遜網站銷售業績排名前五％的賣方）

不論你的公司是科技業億萬巨人，或小型家族企業，在現今商業環境中，停留不前就是落後。亞馬遜如何持續前進，成為現代史上最經典的企業成功故事之一，史帝夫．安德森在本書中提供他的獨特洞察。他分析萃取出的亞馬遜核心法則實用、迷人、對每個人的工作與私人生活都切要，尤其是適用於那些想抓住新機會及攀上新高峰的創業者。

——**艾美．祖彭**（Amy Zupon）

保險軟體供應商沃他富公司（Vertafore）執行長

若貝佐斯把亞馬遜的超高成長祕方交給你，讓你也能用這祕方來壯大你的事業呢？其實，他真的這麼做了，就在他的致股東信裡。史帝夫．安德森在這本傑作中解碼亞馬遜的十四條成長法則，你可以用它們來創造你的亞馬遜式成功！

——**麥克．米卡洛維茲**（Mike Michalowicz）

《獲利優先》（*Profits First*）作者

本書帶我們深入探索史上最成功的企業家之一的智慧與謀畫。史帝夫．安德森從貝佐斯致股東信中辨察十四條成長法則，使用這些法則，任何人都能精簡達致爆炸性事業成長。

——**克里斯．塔夫**（Chris Tuff）

《搞懂千禧世代工作者》（*The Millennial Whisperer*，暫譯）作者

你是冒險者嗎？我承認，我有時會退縮猶豫：「萬一……」這也是我喜歡安德森的方法的原因。他分析貝佐斯以冒險來成長事業的方法（縱使他也可能曾經心生「萬一……」的疑慮而有所猶豫），然後為我們提供一份計畫和一張降落傘，讓我們消除對冒險的恐懼。若冒險並未帶給我們期望的改變，它可能更加照亮較好的可能性——不論是創建事業，或是擴展事業，或是增色生活。對於那些願意夢想得更大的人，本書充滿收穫。

——**帕琪．克萊蒙**（Patsy Clairmont）

創造力教練

《你比你知道的還要強壯》（*Your Are More Than You Know*，暫譯）作者

已經有經過驗證的策略擺在我們眼前，何必把成長一門事業的課題看得如此複雜？史帝夫・安德森這本充滿智慧、簡明、研究透徹的著作，探索當代最有成效的冒險者的事業成功法則，若你想做出更明智的決策，賺更多錢，購買此書，開始閱讀，我可是一讀就難以掩卷呢。

——**珍妮・史威澤**（Janet Switzer）
和傑克・坎菲爾（Jack Canfield）合著《成功法則》（*The Success Principles*）

在這本充滿洞察、引人入勝的書中，史帝夫・安德森帶領我們深覽亞馬遜執行長貝佐斯致股東信，發掘使亞馬遜從網路書店迅疾壯大成企業巨人的法則與實務。這是一本必讀之作！

——**伊安・摩根・克朗**（Ian Morgan Cron）
《自我探索之旅》（*The Road Back to You*，暫譯）作者

身為有近四十年資歷的直接回應行銷者，我知道對產品／服務提高價值的極度重要性，自貝佐斯在一九九〇年代創立網路書店開始，亞馬遜就一直走在提高價值的最前方。現在，史帝夫．安德森為我們抬高難以估量的價值，他為我們發掘亞馬遜如此成功的祕訣：十四條成長法則。

——**布萊恩．柯茲**（Brain Kurtz）

泰坦行銷集團（Titans Marketing Group）創辦人

早年協助創辦出版暨媒體公司 Boardroom Inc.（現改名為 Bottom Line Inc.）

《達成更多》（*Overdeliver*，暫譯）作者

你身處的商業世界是一部 3D 電影，現在，你有一副唯一能夠看到這世界裡所有機會的眼鏡……很少商管書籍會要你去思考一個全新軌道和到達遙遠高層次的可能性，也沒有多少作者能清楚說明、透徹分析一個十足英明能幹的企業家實際上如何展望未來，然後展現指揮控管一切，實現那個未來。

史帝夫．安德森走上人跡罕至（但無疑地很明顯）之路，分析、深入解釋、精心地類推每一封貝佐斯致股東信，發掘了通用的企業超成長密碼，若人們有認真看的話，就會發現，

貝佐斯清楚地向商界傳授這些祕密。

史帝夫深入破解並開啟貝佐斯的密碼，為你全方位解譯貝佐斯如何建造亞馬遜的每一個階段。他揭露貝佐斯何以選擇他走的策略流程、路徑與時間軸，接著，他向每位讀者展示，如何在你的事業中採用及調整亞馬遜風格的成長激素。

史帝夫有絕佳的邏輯方法，有優異能力去理解、定義、然後解釋貝佐斯的說明及後續行動的真正含義，這實在太令人敬佩了，我從未在我讀過的任何商管書籍或自傳／傳記中看到過如此連結、如此高度地可據以實行的東西。

我毫無保留地、熱烈地向所有不只是想獲得漸進績效的商界人士推薦此書。

——**傑・亞伯拉罕**（Jay Abraham）

世界知名的企業策略師

《小技巧大業績》（*Getting Everything You Can Out of All You've Got*）作者

就像閱讀股神巴菲特的致股東信一般，藉由本書作者史帝夫・安德森整理出的成長循環和十四條成長法則，讓我們洞悉亞馬遜企業股東信內含的商業思維、創新策略與創辦人貝佐斯的遠見和投資風格，而聖盃是「聰明地承受風險」！

——**Jenny**

JC趨勢財經觀點版主趨勢財經觀點版主

亞馬遜如何成功？如果要歸納成一句話，我認為是：「排除人性、保持絕對的理性。」人性都難免存在各種缺點，例如：害怕失敗與不確定性、喜歡穩定與待在舒適圈、自私缺乏同理心、追求短期利益、決策緩慢、得過且過、靠感覺做判斷。但本書作者透過歸納出十四條法則，告訴你亞馬遜如何透過企業的體制與文化，進而讓一個超過六十萬人的企業能在漫長的路上保持絕對的理性、避免人性因素的負面傷害。這不僅是一家企業的經營指南，也是一本個人成長的指南。

——**Mr. Market 市場先生**

財經作家

一九九八年我學生的論文〈亞馬遜的創新模式〉，在兩年內有八百人次引用；那年也是我第一次在亞馬遜買書。今天亞馬遜的規模和營運，早已不能同日而語。本書作者透過貝佐斯每年給股東的信，分析整理出來的祕訣包括：「第一天」心態、以顧客為念，以及測試、建造、加速、規模化的循環，確實是亞馬遜貫徹「不變」的原則。

——**溫肇東**
政大科智所兼任教授／創河塾塾長

推薦序

有貝佐斯當你的教練，助你走得更快、更遠

麥可．海亞特（Michael Hyatt）
《既專注，又有閒》（*Free to Focus*，暫譯）
及《最棒的一年》（*Your Best Year Ever*）作者

當人們問我，若想在他們的事業中立即獲益，最需要的是什麼，我的回答是：「找個教練」。過去二十年，我曾是一家年營收二．五億美元的出版公司的董事長與執行長，現在是我自己的領導力發展顧問公司的創辦人暨執行長，我總是找最優秀的教練幫助我在私人及工作生活中獲得突破。

透過教練指導，我汲取他人的智慧、洞察與經驗。我的教練和我分享他們從成功及失敗中學到的啟示（通常，從失敗中學到的啟示更好）；當我看不清楚自己的假設與限制時，他們會提供不同角度的觀點。他們的智慧與洞察幫助我航行於逆境與順境，我可

以毫無疑問地說，比起獨行，有這些教練相伴，我走得更快、更遠。

怎樣的教練稱得上是好教練呢？走得比你更遠，看得比你更多，失敗得比你更有趣，戰勝的挑戰比你遭遇過的挑戰更艱難的人。符合這類資格的人很多，但在目前的場景中，有個人特別突出。

想像有亞馬遜創辦人暨執行長貝佐斯（Jeff Bezos）做為你的事業教練。若是我的話，我會立馬抓住這機會，詢問他不是太簡單的問題：「你究竟是怎麼把亞馬遜發展起來的？」我將非常高興有機會引進他的洞察與經驗，應用在建造和使我自己的事業成長。試問，誰不會這麼做呢？

可惜，這種機會大概不會降臨在你我身上。所幸，我的友人史帝夫．安德森撰寫的這本書提供了次佳選擇。閱讀貝佐斯寫給股東的信，猶如有他擔任你的事業教練，你可以看到他所看到的，思考他所思考的，然後，以你以往可能從未想到過的方式，在你自己的事業中應用這些東西——貝佐斯用來使亞馬遜變成舉世最成功的公司之一的這些東西。

史帝夫如何做到這點？他爬梳貝佐斯寫給股東的信，從中辨識出十四條成長法則。這些概念當中，有些在信中很明顯呈現，有些則是隱藏在表面之下，但史帝夫在本書中說明它們如何結合起來運作，幫助亞馬遜以任何其他公司無可比擬的方式成長擴張。這些洞察隱藏於顯見之處，但我認為，只有史帝夫會以他自己的獨特方式見到它們。

史帝夫花了數十年研究與分析商業及科技趨勢，尤其聚焦於風險，他的理解不同於我們多數人起初的可能理解，他密切注意即將到來的新發展，思考你可以如何利用未來機會而受益。

你可以把他視為你進入貝佐斯心智裡的嚮導，他就像個考古學家，在亞馬遜內部深掘，發現了一個少有人能夠了解，或是少有人能譯解其碑文的非凡結構。但史帝夫已經為我們所有人破解貝佐斯致股東信的背後邏輯，並且把它轉譯成既容易理解、又容易在近乎每個事業或組織中應用的語言。

此外，史帝夫還提供了引人入勝的故事，從貝佐斯如何體驗「成功的失敗」（successful failure），到貝佐斯對太空的看法。這些故事是扇窗，讓我們看到未來的成長路徑。

有貝佐斯當你的教練，史帝夫當你的翻譯，你將能清楚看見如何把你的事業帶到更高、更有生產力、更強而有力的境界。把史帝夫在本書中揭露的十四條成長法則應用於你的事業，你將具有使你的事業像亞馬遜般成長所需具備的法寶。

自序
風險與成長

研究企業風險超過三十五年後，我的結論是，實際上只有兩種風險：作為風險（risks of commission）和不作為風險（risks of omission）；換言之，你冒的風險，以及你不冒的風險。

因為貝佐斯，亞馬遜成為史上最快速達到營收一千億美元的公司。他是如何辦到的？

貝佐斯堪稱是風險大師。

***

我的職涯角色大都是擔任科技與風險主題的演講人暨顧問，所以，我知道，許多人認為，避開風險是重要之事。風險被視為本質上是「壞」的東西，人們盡所能地都要確保萬一發生預料之外且造成大傷害的事，這導致他們遭遇脆弱而財務曝險時，能夠免受損失或損失可獲得補償。

但是，我不這麼看待風險，而且，我發現，貝佐斯也不這麼看待風險。

我的領悟是，許多人忽視了風險與事業成長之間的一個必然關聯性，從這個角度來看，風險是很正面的東西。這也是本書從稍稍不同的角度——從風險的鏡頭——來探討亞馬遜成長的原因。

是的，每個企業都冒險，但是，隨意地冒險就像擲骰子，你不知道會擲出什麼。但貝佐斯是刻意冒險，多數企業也可以明智、刻意冒險，從而獲致更好的成果。

我認為，助長亞馬遜成長的力量，可以歸結為貝佐斯冒險及利用風險的獨特方法，以及他致力於創造實驗與創新的文化。這全是基於他對成功及失敗的看法。

開始

一九九四年七月，三十歲的貝佐斯創立了一家名為「亞馬遜網站」（Amazon.com）的網路書店，這是以南美洲最長河流來命名。（有趣的是，這家網路書店差點就取名為「Cadabra」——咒語「abracadabra」的後半段，但是，貝佐斯的律師誤聽為「cadaver」（屍體），這太不吉利了，於是貝佐斯決定改名。）

據說，決定取名「亞馬遜」有兩個原因。第一，令人聯想到規模（亞馬遜網站問世時的標語是：「地球上最大的書店」）；第二，當年搜尋引擎通常依照名稱的字母順序來排序網站，「Amazon」可以第一個露出。

從一個簡單點子起始的事業，後來快速壯大成全球市值最高的公司之一，媲美蘋果、微軟及Google。亞馬遜是史上營收最快達到一千億美元的公司，市值率先超過一兆美元的幾家公司之一，員工數超過六十四萬七千人，比包括盧森堡、冰島與巴哈馬在內的許多國家的人口還要多。二〇一〇年，貝佐斯在母校普林斯頓大學演講時這麼說：

我在十六年前產生成立亞馬遜的構想，當時，我發現一個事實，那就是網

路使用量每年成長二三〇〇％，我從未見過或聽過成長這麼快的東西，所以創立一家供應幾百萬種書籍的網路書店——實體世界根本無法存在這麼一間書店，這構想非常吸引我。

我當時剛滿三十歲，新婚一年，我告訴太太麥肯琪（MacKenzie），我想辭職，做這件瘋狂的事，搞不好不會成功，因為多數新創事業都不成功，我不知道接下來會發生什麼。麥肯琪（她跟我一樣，畢業於普林斯頓大學，現在就坐在台下第二排）告訴我，我應該大膽一試。

年少時，我是個在家中車庫裡搞實驗發明的人，我用填入水泥的輪胎發明出一種自動關門器，用雨傘和錫箔製作出一個不太好用的太陽能鍋子，我還製作出烤盤電子鬧鐘，把我的弟妹鎖在門外。我一直都想當個發明家，麥肯琪支持我去做我熱中的事。[1]

在公司營運的頭二十年，亞馬遜安然度過二〇〇〇年代初期的網路公司泡沫化、二〇〇七至二〇〇九年的金融危機和經濟大衰退，以及其他無數導致亞馬遜的許多同輩陣亡的金融危機。

到了亞馬遜市值破兆的二〇一八年，貝佐斯已經超越比爾・蓋茲（Bill Gates）、華倫・巴菲特（Warren Buffett），以及其他七十億人，成為全球首富，資產淨值約一千三百七十億美元。

是什麼促成如此空前的成長？

貝佐斯如何在無數科技公司和書店破產瓦解的期間，把一家網路書店壯大成市值破兆的公司？你願意付出什麼，以換取貝佐斯本人親自解釋把亞馬遜壯大成市值超過一兆美元的公司、使他成為全球首富的祕訣？

所幸，貝佐斯並不躲在幕後操作，不像奧茲國魔法師（The Wizard of Oz）那樣隱藏他的手法及策略。貝佐斯在他每年寫給股東的信裡揭露他從創立亞馬遜迄今的思想與策略。

在領導亞馬遜成長方面，貝佐斯極其精明，他知道在風險與成長之間有一個細膩的拉鋸：**不願意冒險，就不會成長**。

但我認為，貝佐斯極為敏銳的一點是：他總是藉著評估他的「風險報酬」（return on risk）來選擇不同的做法。我所謂的「風險報酬」，指的是風險成本及其報酬（報酬並不一定指財務報酬）之間的關係，類似於你對「投資報酬」的看法。

風險報酬

從企業主到櫃台接待員，商界的每個人都知道，我們做的每件事都有成本與效益，我們花在打廣告、支付薪資、購買材料、遞送貨品、設立網站，以及我們所做的一切事情上頭的每一塊錢，都應該創造出大於一塊錢的報酬。同理，我們花在做某件事情上頭的每一分鐘，都應該創造出值得花此時間的收入。

雖然，企業界幾乎人人都用投資框架來看待花在事業上的錢，但幾乎沒人把商業風險視為一項投資，大概只有貝佐斯是個例外。

網際網路進入主流之初，貝佐斯很快就觀察到二三〇〇%的年成長率太罕見，在多數線上事業都被認為不可靠的當時，他辭掉華爾街的穩定工作，創立一個線上事業。他向父母借了三十萬美元，舉家從美國東岸搬遷到西岸，創立一個前途未卜的事業。

此舉太冒險嗎？我會說：是。

別忘了，亞馬遜創立之初是一家網路書店，**當時，沒人知道「網路書店」是啥玩意兒。**

一九九七年時，絕大多數人家裡還沒有網際網路連結，就算有，也是「撥接電話連網」。〔還記得《電子情書》（*You've Got Mail*）這部電影嗎？〕事實上，貝佐斯在一九九七年致股東信上把網路戲稱為「World Wide Wait」）。

以下是一九九七年時的一個實際情境：羅琳（J.K. Rowling，如今已是億萬富翁）創作的《哈利波特》（*Harry Potter*）系列小說第一集《哈利波特：神祕的魔法石》（*Harry Potter and the Philosopher's Stone*），才剛在英國問世，還沒有其他續集，沒有哈利波特電影或主題遊樂園，只有《哈利波特》第一集可供小孩閱讀。

一九九七年時的美國總統是比爾・柯林頓（Bill Clinton），電視影集《六人行》（*Friends*）正夯，電影《鐵達尼號》（*Titanic*）上映，豆豆娃（Beanie Babies）玩偶掀起熱賣旋風；與此同時，沒有什麼「雲計算」（cloud computing）之類的東西（雲仍高掛在大藍天上）。網景（Netscape）是欲連結上網者選擇的瀏覽器；DVD盛行，因為串流直播還要再過二十年才問世。

而貝佐斯竟然辭掉工作，創立一家網路書店！

在線上事業充其量只能稱為猶如擲骰子的風險事業的當時，貝佐斯創立網路書店，絕對是冒險。亞馬遜公開上市一年後，貝佐斯在一九九八年致股東信上寫道：

亞馬遜股價（每年 12 月 31 日）

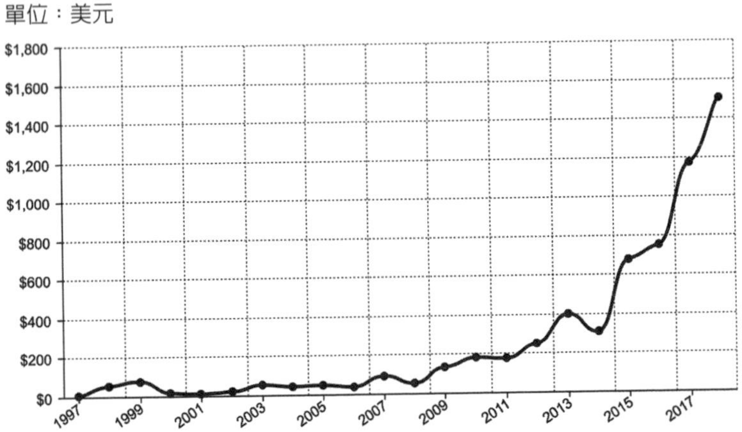

我們預期未來三年半將更令人興奮，我們正在努力建造一個園地，讓數千萬顧客可以找到任何他們想在線上購買的東西。這將是網際網路真正的「第一天」，若我們的事業計畫執行得當，這將仍然是亞馬遜網站的「第一天」。基於目前情勢，可能難以想像，但我們認為，前頭的機會和風險比過去的機會和風險還要大，我們將必須做出許多有意識的、深思熟慮的選擇，其中一些選擇將是大膽、不符傳統的選擇。希望有一些選擇最終將成為贏家，當然，也有一些選擇最終將被證明是錯誤。

事後來看，貝佐斯的確犯了一些「錯誤」，但他也創造了空前的成長。

不必多說，儘管貝佐斯就從一個主要構想和商業模式起步，儘管他看起來就像「把所有雞蛋放在同一個籃子裡」，但打從一開始，他的計畫就是朝多角化經營。差別在於，他總是先測試，看看市場想要什麼，為顧客做出投資——儘管在顧客還不知道他們想要什麼之時。他的冒險是有意圖的，有謀畫的，但仍然是風險。

貝佐斯的起始點是為一個網路事業構想冒險，用他能夠湊到的錢，以及從父母那裡獲得的借款，把這個構想經由槓桿操作成一家全球知名的公司，並使自己成為全球首富。

所以，我才說，貝佐斯是風險大師。

前言 為何撰寫這本書？

……我們選擇把成長擺在優先位置，因為我們相信，規模是實現我們商業模式潛力的核心要素。

——一九九七年貝佐斯致股東信

幾年前，我參與一個產業工作小組，研究改變中的風險性質，在偶然看到亞馬遜創辦人貝佐斯過去二十一年來寫給股東的信後，我開始研究企業風險這個主題。

我研究大大小小企業有四十年了，我總是去鑽研字裡行間的意思，試圖找出成功與失敗之間的差別。

在研究這些貝佐斯致股東信時，概念與型態開始浮現，我覺察，貝佐斯其實在透過這些信，說明亞馬遜如何成為成長最快速的公司，一些人可能會說，這是史上最成功的公司。

我研究和分析這些信一段時日之後，已經可以明顯看出，有成長循環和十四條成長法則可以幫助任何產業的任何企業。

而且，你不需要有數十億美元才能實行這其中的任何法則，縱使是亞馬遜公司，一開始也沒有數十億美元（貝佐斯用他父母提供的三十萬美元借款來創立這個事業）。這些法則，大多數不花一毛錢。你可以在矽谷、納許維爾（Nashville）、倫敦、第蒙因（Des Moines）或任何地方的企業中實行它們；你也可以在一家科技公司、一家披薩店或非營利組織裡同等容易地應用它們。

起初，我有點驚訝，真的只有十四條成長法則使亞馬遜壯大成市值破兆的公司嗎？我努力再檢視看看，但所有東西都能貼切地放進其中之一或多條法則裡。而且，跟所有強而有力的思想一樣，這十四條法則相當簡單，但絕對不單純。

你不需要擁有一個進階學位或一支大團隊，才能實行這其中的任何法則。事實上，我確信，了解和學會它們之後，每個企業主都可以馬上開始使用。縱使對你及你的事業一無所知，我也敢打包票這麼說。我和上市及未上市公司共事了數十年，我想不出多年來共事過的哪個客戶無法立即使用這些法則。

不論你的公司是多國籍企業，或單打獨鬥的創業者，或新創網路書店的現今類似者，想讓你的事業像亞馬遜那樣地成長，第一步是開始應用貝佐斯揭露的那些基本理念。

我先聲明，這些並不是貝佐斯或亞馬遜言明的法則，是我提出的——貝佐斯寫給股東的信中說明亞馬遜在市場上的地位與成長，我研究這些信後，萃取出這些法則。

乍看之下，貝佐斯致股東信讓讀者一窺全球最成功的公司之一。但是，若你更深入挖掘，把所有這些信當成一部故事來閱讀，而非只是二十幾封各自獨立的年度致股東信，型態就會浮現。若你以亞馬遜的事業以及每封信撰寫當時的世界情勢為背景來閱讀這些貝佐斯致股東信，你就會發現，有太多從這些信裡浮現出來的東西可以被應用於現今企業。

我分析的是從一九九七年到二〇一八年的二十一封貝佐斯致股東信，[2]探索貝佐斯實際上如何解釋亞馬遜在一九九四年到二〇一八年間的營運，以及亞馬遜驚人成長的背後動力。我檢視哪些東西奏效，哪些行不通，我一讀再讀，研究與剖析每一封信，探索貝佐斯如何在僅僅二十年間把一家網路書店變成市值破兆的公司。

你可能會問：貝佐斯是否從一開始就抱持這些成長法則呢?可以說是，也可以說不是。

之所以說「不是」，係因為貝佐斯本人並沒有明確提出這些法則，它們是我檢視與分析他寫給股東的信後得出來的。他沒有闡明這些法則，然後把它們框起來，掛在他的辦公室，因為他並沒有寫出這些法則。貝佐斯在他的辦公室顯著鮮明地展示出來的，是「亞馬遜領導準則」（Amazon Leadership Principles，我把它們囊括在第11條成長法則裡）。亞馬遜網站上這麼寫：

> 亞馬遜領導準則是所有亞馬遜人每天致力於做到的一套標準；它們深植於我們的文化，員工熱愛它們，因為它們清楚解釋我們重視的行為。身為亞馬遜員工，你將很難有一天不聽到周遭人提及亞馬遜領導準則，因為它們簡潔地表明如何做正確的事，這是我們在這家公司工作的一個通用方法。[3]

多數人都會同意，一家公司若沒有優異的領導，將無法發揮其最大潛力。領導是事業成長的中心，深植於亞馬遜的核心，打從創立他的事業起，貝佐斯就一直在亞馬遜的每個領域刻意鼓勵領導。但是，事業領導跟事業成長是不同的兩碼事。

因此，貝佐斯是否從一開始就抱持成長法則呢？我認為是，只不過，他並沒有明確地說出它們。他沒有像闡明「亞馬遜領導準則」那樣地闡明它們。但是，從他的第一封致股東信中，我發掘的這十四條成長法則就已經是亞馬遜的成長路徑核心了，它們是貝佐斯的直覺，源自他的個性及商業經驗。

不過，這些法則是貝佐斯經營其事業的直覺，並不意味著你不能使用這些相同的法則來幫助你的事業成長。當然，本書的目的並不是要使你的事業變成下一個亞馬遜（雖然，這有可能發生，而且，貝佐斯實際上已經有心理準備，亞馬遜有朝一日可能被淘汰，但那是另外一回事）。

我是在建議你了解亞馬遜如何使用十四條成長法則來創造驚人成長，看看你可以在你的事業或組織中應用哪些法則來擴張發展，使你的事業或組織像亞馬遜那樣躋身領先地位。

成長循環與十四條法則

我研究貝佐斯致股東信，發現貝佐斯把一種重複的成長循環應用於近乎每一項業務：測試→建造→加速→規模化；十四條成長法則分別落入每一個階段。

以下三條法則幫助亞馬遜透過策略性**測試**而成長：

- 鼓勵「成功的失敗」
- 下注於宏大構想
- 實行動態發明與創新

以下三條法則幫助亞馬遜為未來而**建造**：

- 以顧客為念
- 採取長期思維

■ 了解你的飛輪

以下四條法則幫助亞馬遜**加速**其成長

■ 產生高速決策

■ 化繁為簡

■ 用技術來加快時間

■ 倡導業主精神（ownership）

以下四條法則幫助亞馬遜**規模化**：

■ 維護你的文化

■ 聚焦於高標準

■ 評量重要的東西，質疑你評量的東西，信賴你的直覺

■ 永遠保持「第一天」心態

雖然，許多企業主熟悉「測試」、「建造」、「加速」、「規模化」這些詞彙，但在貝佐斯致股東信中，它們有不同的含義。

若要說「測試」、「建造」、「加速」、「規模化」這些詞彙在亞馬遜公司有什麼大不同的含義，那就是亞馬遜並不把這些詞彙當成學術性質的東西。他們把這些循環變成他們規畫流程的一部分，有著相同於貝佐斯看待風險的那種企圖性。

在貝佐斯看來，事業恆常變化與行進，成長的事業總是在測試、建造、加速、規模化。而當你找出行得通的東西時，你會再做一次：測試、建造、加速、規模化。

貝佐斯的第一封致股東信

貝佐斯在一九九七年撰寫他的第一封致股東信。通常，每年度致股東信在翌年的四月發表，有關二〇一九年及以後的貝佐斯致股東信的評論及分析，請上「TheBezosLetters.com」網站。

貝佐斯在這封信開頭談到，致力於提供超越顧客期望，以及助長這個新創公司成長的先進線上購物服務所帶來的興奮之情與承諾，但他說，這對亞馬遜而言還只是「第一天」。

有趣的是，他的一九九八年致股東信最後，提到了一九九七年致股東信；一九九九年致股東信也一樣提到了一九九七年致股東信，此後年年皆如此，每年寫給股東的信都會再提及一九九七年致股東信。年復一年，每一封致股東信的結尾都一樣，只不過，近年變得更加簡潔：

「一如既往，我附上一九九七年致股東信的副本，我們仍然處於第一天。」

我整體檢視二十一封貝佐斯致股東信，以及亞馬遜的疾速成長，我納悶為何他年年不斷提到那封他首次提及「第一天」（Day 1）的一九九七年致股東信。我的研究發現，一九九七年致股東信有三個核心思想。

第一，亞馬遜聚焦於長期。貝佐斯不要那些只想要短期獲利的投資人，他聚焦於長期賽，他要創造一家他能夠和孫輩述說的公司，而他現在都還沒有孫輩呢。

第二，一九九七年致股東信傳達他對這家公司的熱情，以及打造一個成功且永續的事業所需要的「新創事業」要素，例如以顧客為念，總是想著為顧客而創新。他熱情地稱這些事業成功要素為「第一天」的心態。

第三，一再出現風險概念。一九九七年致股東信的開頭談到未來的機會時，他很清楚地說：「這策略不是沒有風險……」他也談到成長挑戰、執行風險，以及產品和地區擴張的風險，不消說，快速成長之路充滿風險。

但是，在所有成長與風險之中，貝佐斯很清楚他的核心價值觀：以顧客為念。

如前文所述，「亞馬遜領導準則」是亞馬遜公司文化中不可或缺的一部分，這些準則並沒有排序，但第一條就是以顧客為念（Customer Obsession）。[4]

亞馬遜領導準則——以顧客為念：領導者首先考慮顧客，再往回推。他們積極致力於贏得並保持顧客的信賴。雖然，領導者注意競爭者，但他們以顧客為念。

你可能會想，事業成長也是始於以顧客為念，因為事業總是需要顧客嘛。但是，領導和事業成長有所不同。為了使你的事業有所成長，你必須牢記你的事業目的，你的事業目的最終並非純粹聚焦於顧客。

簡言之，領導準則聚焦於人，成長法則聚焦於整個事業。當然，這兩者有重疊的部分，但是，領導準則應用於人員的工作方式，成長法則應用於事業或組織的運作方式。這也是成長法則終於「第一天心態」、而非始於「第一天心態」的原因，為了讓事業成長，你將需要有一個完滿的循環。

我檢視過去二十一年的所有貝佐斯致股東信，發現一個特別之處。在辨識出亞馬遜成長之道的基本要素——成長循環和十四條成長法則——後，我再回頭進一步檢視，發現這十四條成長法則全都以某種形式出現於一九九七年那第一封貝佐斯寫給股東的信裡。在我看來，這是貝佐斯年年提及一九九七年致股東信的原因之一。

你可能會質疑，我從未任職過亞馬遜公司，也沒有為亞馬遜工作過，我有何資格寫這本書？

有時候，一個局外人能夠洞察局內人無法提供的觀點，我用全然不同的鏡頭——風險鏡頭——來檢視與研究亞馬遜的成長。

我的整個職涯都擔任企業與風險分析師，我是保險業的技術顧問暨未來學家，幫助各種規模的企業從兩邊（提供保險服務的公司這一邊，以及需要保險保障的客戶這一邊）評估及管理他們的風險，因此，我善於使用風險鏡頭。基於這種心態，當讀到貝佐斯致股東信時，我發現，過去二十一年，他一直策略性地利用風險，使他的事業蒙利。

可惜，多數人不會花時間去仔細閱讀所有二十一年的貝佐斯致股東信（儘管，我非常建議這麼做，因為它們極具內涵），而且，許多人會覺得閱讀所有這些股東信是「滿累」的事兒，因此，我不會在本書中放進它們。但我將在本書中引述這些股東信的部分內容，以闡釋或支持成長循環及我萃取出的十四條成長法則。

我透徹閱讀它們，精心萃取出你需要知道的內容，而且，在每章開頭引述貝佐斯的話時，我用粗體字凸顯他表達的核心概念，讓你更快發現它們。（貝佐斯在他撰寫的文中並未使用粗體字，本書引文中的粗體字是我為了強調效果而為之。）

必須說明的一點是，十四條成長法則的每一條是個別運作的，但它們又不都是孤立地運作，在亞馬遜建造出現今這麼一家公司的過程中所做的每一件事裡，它們全都或多或少以某種方式顯現出來。

因此，我建議你用下列方式閱讀本書，以享有最大收穫。

- 首先，熟悉我從貝佐斯致股東信推論出的成長循環和十四條成長法則。這將為你提供本書概觀。
- 接著，花點時間閱讀一九九七年貝佐斯致股東信，這是他寫給亞馬遜股東的第一封信，也是他每年都會再提起的一封信。這封信的內容是他的思維和所作所為的理由之關鍵。閱讀此信時，你將會看到，每當看到這信中內容反映十四條成長法則之一時，我都會以粗體字標記。在這封信裡，這些法則並未以任何順序出現，但你將會看到，它們全都在那裡。

■ 接下來，你將會看到，我把本書內容區分為成長循環的四個階段，每個階段有相應的成長法則。每一章詳細解釋每一條法則，加上引述貝佐斯的話，亞馬遜的故事，他們在企業創建、成長、失敗、重新組織，以及演進至現今模樣的過程中所學到的啟示（以及你可以從中學到的啟示）。

■ 每一章最後有兩、三個簡短問題，請花點時間思考你的回答。有時候，只需要一個新概念或構想，就能引領出巨大成長。

■ 詳述十四條成長法則後，我提供一份二〇一八年貝佐斯致股東信，跟一九九七年的股東信一樣，我把其中內容反映成長法則的概念以粗體字標記。此時，你已經熟悉十四條成長法則了，你將會看出，它們全都出現在這封信裡。

在我開始講述正文之前，還有一件事要提醒，我希望當你學習成長循環和十四條成長法則後，你也開始了解為何我說它們「隱藏於顯見之處」（hidden in plain sight）——隱藏於貝佐斯致股東信裡。等到本書末尾，閱讀二〇一八年致股東信時，你可能會在其他我未能洞察的文句中，發現成長法則，那將是我最高興不過的事了，因為這就是我對本書的期望——你能夠用風險鏡頭去檢視你的事業，辨識出十四條成長法則。

現在，亞馬遜是一家完美的公司嗎？不是。貝佐斯是一個完美的人嗎？不是。你可能喜愛抑或討厭亞馬遜，你可能喜愛抑或討厭貝佐斯，不論你對亞馬遜及貝佐斯的感覺如何，都沒關係。但為了本書的目的，為了你的事業的未來成長，我請你暫時把你對亞馬遜及貝佐斯的感覺擱置一邊，後退一步，站在三萬英尺高處去看看貝佐斯（及亞馬遜）如何做，使亞馬遜成為史上最快速達到營收一千億美元的公司。

安德森總結亞馬遜十四條成長法則

成長循環：測試、建造、加速、規模化

測試

法則1：鼓勵「成功的失敗」
法則2：下注於宏大構想
法則3：實行動態發明與創新

建造

法則4：以顧客為念
法則5：採取長期思維
法則6：了解你的飛輪

加速

法則7：產生高速決策

法則8：化繁為簡

法則9：用技術來加快時間

法則10：倡導業主精神

規模化

法則11：維護你的文化

法則12：聚焦於高標準

法則13：評量重要的東西，質疑你評量的東西，信賴你的直覺

法則14：永遠保持「第一天」心態

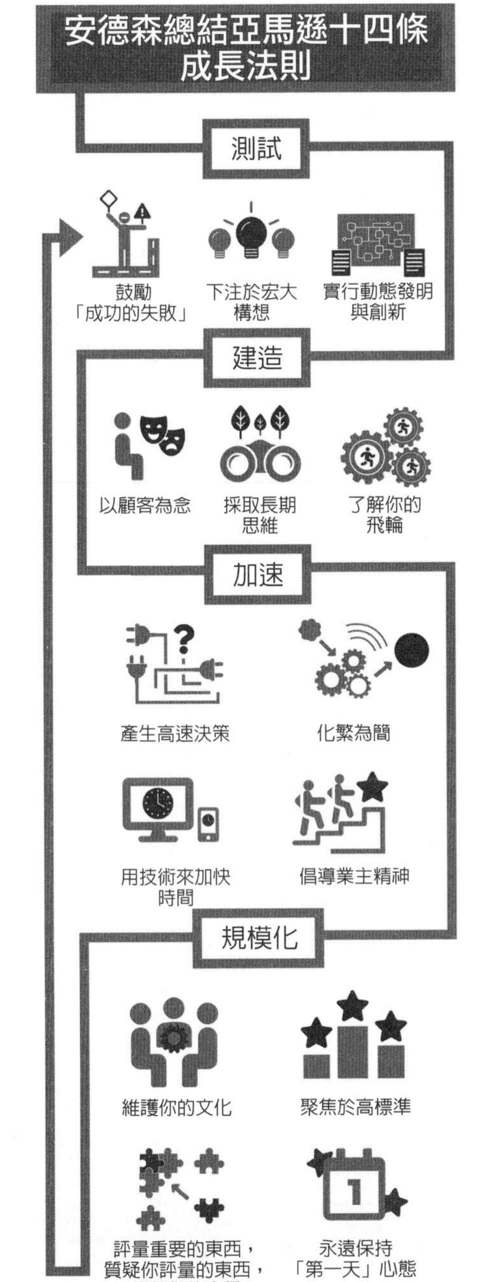

安德森總結亞馬遜十四條
成長法則
測試
鼓勵
「成功的失敗」
下注於宏大
構想
實行動態發明
與創新
建造
以顧客為念
採取長期
思維
了解你的
飛輪
加速
產生高速決策
化繁為簡
用技術來加快
時間
倡導業主精神
規模化
維護你的文化
聚焦於高標準
評量重要的東西，
質疑你評量的東西，
信賴你的直覺
永遠保持
「第一天」心態

一九九七年貝佐斯致股東信&亞馬遜十四條成長法則

致全體股東：

亞馬遜在一九九七年通過了許多里程碑：年底時，我們服務的顧客已經超過一百五十萬，營收達到一億四千七百八十萬美元，成長了八三八%，在激烈競爭入侵中，仍然擴大了我們的市場領先地位。

但這是網際網路的第一天（法則14：永遠保持「第一天」心態），若我們執行得當，這也是亞馬遜的第一天。今日，線上商務為顧客節省金錢和寶貴的時間；明日，透過個人化，線上商務將加快**發現過程**（法則3：實行動態發明與創新）。亞馬遜使用網際網路為其顧客創造真實價值，藉此，可望在歷史已久的大市場上建立一個持久屹立的經銷事業。

身為規模較大的商家動員資源以追求線上商機，開始嘗試新穎線上購物方式的消費者樂於形成新關係，這帶給我們機會的窗口。競爭情勢持續快速演進，許多大型商家已經進入線上供應好產品，並且投入可觀心力和資源，致力於提高知名度、流量與銷售業績，我們的目標是快速鞏固及**擴大我們目前的地位**（法則2：下注於宏大構想），同時也開始追求其他領域的線上商務機會，在我們瞄準的大市場上，我們看到了大好機會。這策略並非沒有風險，它需要大投資和俐落的執行，以對抗歷史悠久的經銷事業領先者。

全都是為了長期

我們相信，成功的一個基本衡量指標是我們**長期**（法則5：採取長期思維）創造的股東價值。這價值直接取決於我們能否擴大及鞏固目前的市場領先地位，我們的市場領先地位愈強健，我們的經濟模式就愈強大，市場領先地位直接轉化成更高的營收、更高的獲利、更快的資本週轉率，進而創造更高的資本投資報酬率。

我們的決策一貫地反映這個重點。我們對自己的首要評量（法則13：評量重要的東西，質疑你評量的東西，信賴你的直覺），使用的是最能顯示我們市場領先地位的指標：顧客數及營收的成長；顧客持續一再向我們購買的程度；我們的品牌強度。**我們已經投資、也將繼續積極投資於擴大及利用我們的顧客群、品牌與基礎設施，致力於建造一個屹立長久的經銷事業**（法則6：了解你的飛輪）。

由於我們側重長期，我們做出的決策和取捨權衡可能不同於一些公司，因此，我們想在此和股東們分享我們的基本管理與**決策方法**（法則7：產生高速決策），讓股東們確認這是否符合你們的投資理念：

- 我們將繼續**堅定聚焦於我們的顧客**（法則4：以顧客為念）。
- 我們將繼續根據長期市場領先地位的考量來做投資決策，而不是考量短期獲利或短期的華爾街反應。
- 我們將繼續分析評量我們的計畫和投資成效，中止那些未能提供報酬尚可的計畫，擴大投資於表現最佳的計畫。**我們將持續從失敗與成功中學習（法則1：鼓勵「成功的失敗」）**。

- 看到有足夠可能性取得市場領先優勢的機會，我們將不畏首畏尾，大膽投資。這些投資中，有些將成功，其他將不成功，但不論成功與否，我們都能從中學到寶貴啟示。
- 當被迫在公認會計準則（GAAP）財務報表的美觀和未來現金流量的現值最大化這兩者之間選擇時，我們將總是選擇後者。
- 當我們在競爭壓力容許的程度下大膽選擇時，我們將把策略思考流程告知你們，讓你們可以自行評斷我們是否為公司的長期市場領導地位做出了理性投資。
- 我們將致力於明智地花錢，並且保持我們的精實文化。我們了解持續加強成本意識文化的重要性，尤其是一個仍然處於淨虧損狀態的事業。（譯注：亞馬遜於二〇〇一會計年度第四季首度出現季獲利，二〇〇三會計年度首度全年轉虧為盈。）
- 我們將在聚焦於側重長期獲利力的成長和資本管理這兩者之間保持平衡，但現階段，我們選擇把成長擺在優先，因為我們相信，規模是實現商業模式潛力的核心要素。

■ 我們將繼續聚焦於招募及留住多才多藝且能幹的員工，繼續讓他們的薪酬結構偏重股票選擇權，而非現金。我們知道，成功主要取決於能否吸引及留住有幹勁的員工群，每位員工必須像業主般思考，因此，必須讓他們實際上**成為業主（法則10：倡導業主精神）**。

我們不會厚顏到聲稱這些才是「正確的」投資理念，但這就是我們，若不清楚說明我們採行、且將繼續採行的方法，那就是我們的失職。

以此為基礎，接下來回顧我們在一九九七年的事業營運焦點及我們的進展，以及我們的未來展望。

以顧客為念

打從一開始，我們就聚焦於為我們的顧客提供動人的價值，我們認知到，網路至今仍是「World Wide Wait」，因此，我們立意為顧客提供他們在別的管道無法取得的東西，我們從供應書籍開始。我們為他們提供的選擇遠多於任何一家實體商店所能做到的選擇數量（我們提供的選擇將需要六個足球場才裝得下），而且，我們採行實用、**易於搜尋、易於瀏覽的形式**（法則8：化繁為簡），我們的商店**全年三百六十五天，天天二十四小時營運**（法則9：用技術來加快時間）。我們持續堅定聚焦於改善顧客的購物體驗，並於一九九七年顯著改進我們的商店，我們現在提供顧客禮券、「一鍵購買」（one-click shopping）功能，以及大量其他的評價、內容、瀏覽選項、推薦等等功能。我們大舉降低價格，進一步為顧客提高價值。口碑仍然是我們贏得新顧客的最有力工具，我們由衷感謝顧客對我們的信賴，結合重複購買及口碑，使亞馬遜網站成為線上書籍銷售業的市場領先者。

從許多數據來看，亞馬遜在一九九七年取得了很大的進展：

- 營收從一九九六年的一千五百七十萬美元增加到一億四千七百八十萬美元，成長八三八%。
- 累計顧客帳戶數從十八萬增加到一百五十一萬，成長七三八%。
- 重複購買的顧客訂單比例從一九九六年第四季的四六%提高至一九九七年同期的五八%。

■ 在讀者觸及率方面，根據 Media Metrix 公司的調查，我們的網站從排名第九十躍升至前二十名。

■ 我們和許多重要的策略夥伴建立長期關係，包括美國線上（America Online）、雅虎（Yahoo!）、伊賽（Excite）入口網站、網景、地球村（GeoCities）、愛維塔（AltaVista）、@Home、博巨（Prodigy）。

基礎設施

一九九七年，我們努力擴展我們的事業基礎設施，以支撐激增的流量、銷售與服務：

■ 亞馬遜員工從一百五十八人增加到六百一十四人，我們顯著增強了我們的管理團隊。

■ 配送中心占地面積從五萬平方英尺增加到二十八．五萬平方英尺，包括我們的西雅圖廠房擴建七〇％，並於十一月在德拉瓦州設立第二個配送中心。

■ 年底存貨增加至二十萬冊書，為我們的顧客提高貨品可得性。

■ 由於一九九七年五月首次公開募股，並取得七千五百萬美元貸款，年底時的現金與投資餘額為一．二五億美元，為我們提供了充裕的策略彈性。

我們的員工

過去一年的成功，是能幹、聰敏、賣力的員工團隊創造的成果，身為此團隊的一員，我深以為傲。在招募人員方面**設定高門檻**（法則12：聚焦於高標準），這向來是、未來也將持續是亞馬遜成功的最重要因素。

在這裡工作可不容易（面試應徵者時，我告訴他們：「你可以工作時間長，或勤奮努力，或聰敏，但在亞馬遜，你不能三者擇其二，必須三者皆具」），但我們致力於為顧客**建造重要、有價值的東西**（法則11：維護你的文化），是我們可以驕傲地向孫輩述說的東西，這樣的工作自然不容易。擁有如此敬業、用犧牲與熱情來建造亞馬遜的員工團隊，我們何其有幸。

一九九八年的目標

我們仍然處於學習如何透過網際網路商務及商品規畫，來為顧客創造新價值的早期階段，我們的目標仍然是繼續鞏固和擴展我們的品牌及顧客群，這需要持續投資於系統和基礎設施，使我們在成長的同時，能夠保持出色的顧客便利性、選擇與服務。我們計畫在供應的產品中增加音樂品項，我們相信，可以陸續審慎地投資於增加其他產品線。我們也認為，有顯著機會可以改善對海外顧客的服務，例如縮減貨品遞送時間，提供更好的量身打造顧客體驗。當然，我們面臨的挑戰中有一大部分不在於尋找擴展事業的新途徑，而在於對我們的投資項目排定優先順序。

比起亞馬遜剛創立時，我們現在對於線上商務的了解遠遠更多了，但要學習的還非常多。雖然，我們很樂觀，卻仍然必須保持警覺，保持急迫感。為實現我們對亞馬遜的長期願景，我們將面臨多種挑戰與障礙：積極進取、有能力、資金充沛的競爭者；相當多的成長挑戰與執行風險；產品與地區擴張的風險；需要大而持續的投資以應付日益擴大的市場機會。但是，如同我們早就說過的，網路書店以及整體線上商務應該是很大的市場，可能有些公司將會大大蒙益。我們對我們已經做的感到滿意，更興奮於我們未來想做的。

一九九七年是很棒的一年，亞馬遜公司由衷感謝我們的顧客帶給我們的生意和對我們的信賴，感謝所有同仁的努力，感謝股東們的支持與鼓勵。

傑佛瑞．貝佐斯

亞馬遜公司創辦人暨執行長

成長循環：測試

鼓勵「成功的失敗」

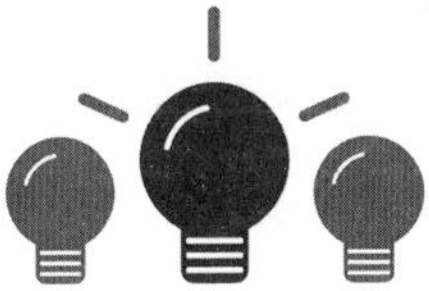

下注於宏大構想

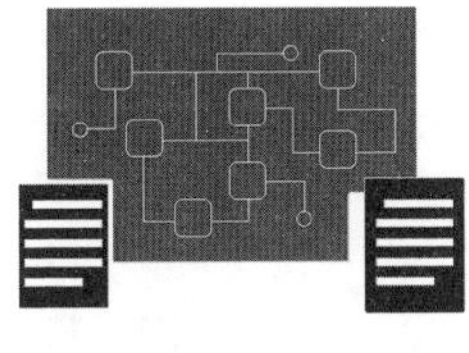

實行動態發明與創新

在亞馬遜，測試是一種生活模式，意味的是，鼓勵所有團隊成員為改進亞馬遜的營運而做出新嘗試，若嘗試的新東西行不通，公司不會因此懲罰他們，而是鼓勵他們檢視哪裡行不通，並從中學習。

當嘗試的新東西行得通，而且有大潛力，亞馬遜便會下大賭注。亞馬遜為每個層級的員工提供發明與創新的工具，測試使得亞馬遜成為一個極富創造力的組織。

但是，測試當然是要冒失敗的風險，多數企業把失敗視為應該避開的風險，貝佐斯的思維正好相反。

1 法則1：鼓勵「成功的失敗」

我在亞馬遜有過數十億美元的失敗，真的是數十億美元。你們也許還記得Pets.com或Kosmo.com吧。那就像在沒打麻醉藥之下做根管治療，痛死了。那些失敗不好玩，但不要緊。

——貝佐斯

於二〇一四年《商業內幕》(*Business Insider*)舉行的「點燃」研討會(Ignition Conference)[5]

貝佐斯為何說揮霍掉數十億美元並不要緊呢？

要回答這個疑問，其實應該思考，他首先是如何賺到那數十億美元的？

貝佐斯很早就領悟，除非你冒險，投資於風險，刻意創造「失敗」的機會，否則，你的成長或夢想將會不夠大。不幸的是，多數人（以及企業）把失敗視為應該竭力避免的東西。但是，若你不願意冒失敗的風險，你將永遠無法像亞馬遜那樣地成長。

若失敗未必是壞事，那麼，如何把失敗變成「成功」呢？簡單地說，「成功的失敗」端視你從失敗中學到什麼，如何應用你學到的東西。

風險與太空探索

我相信，貝佐斯打從孩提時代愛上外太空時，就已經在思考風險這東西了。乍看之下，這似乎和亞馬遜的成長無關，但我們從這裡可以看出貝佐斯是怎樣的一個人，以及他的思維背後的邏輯。

貝佐斯出生於一九六四年，當時是美國進行太空探索的開端。高中畢業典禮代表畢業生致詞時，他談到太空之旅與探索。他對航太的著迷，遠至我所能追溯的最早年。

（關於他的太空夢，參見後文。）

在貝佐斯童年時期，美國國家航空暨太空總署（NASA）阿波羅計畫（Project Apollo）發生的兩件事，可資闡釋失敗的概念及「成功的失敗」。事實上，比起我所能找到的其他任何實例，從這兩件事學到的啟示，更能說明貝佐斯的風險思維。因此，讓我們重回太空總署的早年。

太空總署在一九六〇年代初期推出水星計畫（Project Mercury）、雙子星計畫（Project Gemini）及阿波羅計畫，最終目標是把人類送上月球，再把他們安全地帶回來。但是，阿波羅一號的首次嘗試是一次令人心碎的悲劇。

一九六七年一月二十七日，在佛羅里達州卡納維拉角（Cape Canaveral）進行發射前測試時，艙內爆出火花，引燃大火，火勢迅速蔓延整個指揮艙，導致三名太空人——指揮官維吉爾・格里森（Virgil "Gus" Grissom）、高級駕駛員愛德華・懷特（Edward White），以及駕駛員羅傑・查菲（Roger Chaffee）喪命。

火災事件後，太空總署立即組成事故調查委員會，調查與研判事故原因。最終判斷是艙內某處電線產生的火花引起的，因為易燃的尼龍材料及艙內高壓純氧環境，導致火勢迅速蔓延。此外，由於艙內壓力較高，無法開啟艙門蓋，使得營救太空人的行動受阻。這次的發射前測試，火箭並未注入燃料，因此不被視為具有危險性，緊急狀況處理的準備措施不周，也導致營救不及。後來的判斷是，三名太空人因為指揮艙內充滿毒氣、濃煙與火，窒息而死。

這起悲劇震驚全球，縱使太空總署和所有太空人都很清楚嘗試一件從未做過的事時可能發生的危險，仍然存在未知的「萬一」，而代價似乎相當高，許多人懷疑這登月探索是否將就此結束。

阿波羅一號災難撼動太空總署核心。紀錄片《任務控管：阿波羅號的無名英雄》（*Mission Control: The Unsung Heroes of Apollo*）詳述這場可怕的悲劇，克里斯・克拉夫（Chris Kraft）是太空總署飛行任務總監，尤金・克蘭茲（Eugene Kranz）是飛行總監。悲劇發生後的星期一早上，克蘭茲召開飛行控管中心團隊會議，公務員、飛航控管員、太空船承包商等都與會，所有人對此次火災事故惶惶不安，仍然在尋找原因。

會議首先報告這起事故的已知事實，接著說明新成立的調查委員會，以及由蘭利研究中心（Langley Research Center）主任弗洛伊德・湯普森（Floyd Thompson）領導的調查小組。接下來，克蘭茲說，他的感覺已經從震驚轉變為震怒——憤怒飛行控管中心對不起全體機員。

他首先說，他們全都必須為全體機員的喪命負責，他們沒有做好分內的工作。接

著，他說的一番話，如今被稱為「克蘭茲警言」（The Kranz Dictum）：6

太空飛行絕不容許粗心大意、無能、疏忽，在某處，不知何故，我們搞砸了，可能是設計環節、或建造環節、或測試環節，不論是哪個環節，我們原本應該發現問題的。

我們太急切於追求進度，我們只顧忙於我們每天在工作中看到的種種問題，計畫中的每個部分都出了問題，我們本身也是。模擬器有問題；任務控管幾乎在每個部分都進度落後；飛行及測試程序天天改變，我們做的事，沒一件安上截止期限。面對種種狀況，我們當中沒有一個人站出來說：「該死的，停下來！」

我不知道湯普森的調查委員會將找到什麼原因，但我知道我發現的，我們本身就是原因！我們根本沒做好準備！我們沒做好我們的工作。

我們在擲骰子，冀望到了發射日，一切都會完美結合起來，但我們心裡知道，這得奇蹟出現，才可能發生。我們逼促進度，心存僥倖地希望在我們出錯之前，成功發射。

> 從今天開始，飛行控管中心將以兩個詞聞名：嚴格（tough）與稱職（competent）。嚴格，意味的是我們永遠為我們所做的事或未做的事當責，我們絕不再對我們的責任打折扣，每次走進飛行控管中心，我們知道自己代表什麼。稱職，意味的是我們絕不把任何事視為理所當然，永遠在我們的知識與技能上精益求精，任務控管中心將做到完美。
>
> 今天，這會議結束後，各位回到你們的辦公室要做的第一件事是，在你們的黑板上寫下「嚴格與稱職」，永遠別擦掉它。每天進入辦公室，這些字將提醒你格里森、懷特與查菲付出的代價，這些字是你進入任務控管中心的資格。

任務控管中心的內部通訊員艾德．芬戴爾（Ed Fendell）說：「我認為，這悲劇改變了我們、我們怎麼做事，以及我們如何推進太空飛行的整個態度。」

克里斯．克拉夫說：「在我以及許多其他人看來，若沒發生那場事故，我們永遠上不了月球。那場火災後的過渡期間救了我們，因為它使我們能夠退一步思考：『到底哪裡出了錯？我們必須如何矯正？』把太空總署全組織上上下下結合起來。若非發生這一切，我們永遠上不了月球。」[7]

人類的一大步

那場火災後的二十個月期間，美國太空總署沒有進行任何載人的太空飛行。但因為從阿波羅一號悲劇中學到了很多，太空總署決心把太空飛行弄得更安全。

一九六八年十月，太空總署恢復太空飛行，阿波羅七號測試重新設計的指揮艙，成功環繞地球軌道；十二月，阿波羅八號成功載人環繞月球軌道。

一九六九年七月二十日，阿波羅十一號搭載的太空人尼爾．阿姆斯壯（Neil Armstrong）和巴茲．艾德林（Buzz Aldrin）成為史上首度踏上月球的人類。

「休士頓，我們有麻煩了……」

阿波羅計畫繼續向前推進，過程中繼續遭遇危險，不過，遇上險境時的反應已經顯著改變。

一九六九年十一月，阿波羅十二號成功登陸月球後，在太空總署，一切似乎已經回歸「平淡」。在美國大眾眼中，進入太空和登陸月球已不再像幾個月前那麼稀奇了。

一九七〇年四月十三日，這一天是執行登月任務的阿波羅十三號在發射兩天後發生意外災難。執行此次阿波羅任務的太空人包括指揮官詹姆斯・洛威爾（James Lovell）、指揮艙駕駛員傑克・史威格（Jack Swigert），以及登月艙駕駛員弗瑞德・海斯（Fred Haise）。阿波羅十三號由一個通道連結兩具獨立的太空船組成——其一是名為「奧德賽號」（The Odyssey）的主太空艙（包含上端的指揮艙和下端的服務艙），其二是名為「寶瓶座」（The Aquarius）的登月艙。

在太空人執行一次例行性程序時，服務艙的二號氧氣罐爆炸，損毀為這三位太空人供應維生補給的服務艙。他們通知任務控管中心：「休士頓，我們有麻煩了」，這句話現在已經成為名言。

三位太空人這下陷入極大危險。任務控管中心決定放棄登月任務，新任務變成要設法讓這些太空人安全返回地球。

任務控管中心下令三位太空人離開指揮艙，進入狹小的登月艙，以節省電力及氧氣，等候太空總署在任務控管中心想出法子。基於先前經驗，以及從阿波羅一號悲劇學到的東西，他們想出了讓太空人安全返回的辦法。飛行總監尤金・克蘭茲（也是阿波羅一號悲劇發生時的飛行總監）指揮非常緊張且充滿風險的返航救援流程。

不消說，太空上的資源極有限，他們必須湊合著使用手邊有的東西，而且還得以不同於那些東西原用途的方式去使用。但太空總署仍然快速想出種種創意解決方案，這有很大程度歸功於從阿波羅一號悲劇中獲得的學習。

歷經三天的煎熬，以及太空總署、相關研製承包商與其他各方的不眠不休合作下，洛威爾、海斯與史威格在四月十七日安全返回地球。根據洛威爾的著作《迷航月球》（*Lost Moon*），當阿波羅十三號的指揮艙降落在南太平洋上，三位太空人看到外面有水沖打在他們的舷窗上，洛威爾平靜地宣布任務結束：「夥伴們，我們回到家了。」

不過，這個特別故事引起我注意的是：在朗．霍華（Ron Howard）執導的電影《阿波羅十三號》（*Apollo 13*）結尾，由湯姆．漢克斯（Tom Hanks）飾演的洛威爾步下營救的直升機，踏上美國海軍兩棲作戰軍艦硫磺島號（USS Iwo Jima）的甲板，此時，洛威爾以旁白陳述最後評論，他說，阿波羅十三號將成為太空總署最「成功的失敗」。他說：

> 我們的任務被稱為「成功的失敗」，因為我們安全返回，但未能登陸月球。後來查明，氧氣罐裡一條原本就受損而暴露於氧氣中的電路，在我們進行例行性攪動低溫氧氣氣罐時產生火花，導致爆炸，損毀奧德賽號。那是兩年前發生的

一個小瑕疵，當時我都還未被選派為阿波羅十三號的指揮官⋯⋯

至於我，阿波羅十三號上驚奇的七天是我最後一次上太空。我看到其他人在月球上行走，並且安全返回，全部都靠任務控管中心和我們在休士頓的總部。我有時抬頭遙望月亮，回憶我們漫長之旅的命運變化，想到那些竭力把我們三人帶回來的數千人。我遙望月亮，心想，我們何時將再回到那裡，誰將上到那裡呢？

貝佐斯與擁抱失敗

貝佐斯熱愛探索太空，他想不想成為登上月球的人之一呢？答案是肯定的。而且，無可否認，他把相同的「成功的失敗」法則應用於他的事業策略。

風險是不可掉以輕心的東西，貝佐斯並不輕率看待風險。在許多境況下，風險涉及生死，美國太空總署的一些計畫就是例子，但是，最深刻的學習發生於失敗的過程，以及從失敗中學習。

從致股東信以及其他言論中可以看出，貝佐斯相信「成功的失敗」這個概念，他知道，學習過程太重要了，以至於他刻意在他的商業模式中內建失敗。若他嘗試某個東西，行得通，那很好；若行不通，他不僅尋求使它行得通的方法，也尋求使這個嘗試縱使最終失敗，仍然有所收穫而值得。

二〇一四年十二月，接受《商業內幕》共同創辦人暨發行人亨利・布洛傑（Henry Blodget）訪談時，貝佐斯談到失敗在亞馬遜公司裡的角色，他說：

……我的工作之一是鼓勵員工大膽，這非常困難，實驗本質上易於失敗，幾次的大成功就能彌補數十次的失敗。[8]

換言之，他把「實驗」內建於他的商業模式，打從一開始就知道，許多實驗將失敗。貝佐斯也相信，風險與失敗是事業成長之必要，在《商業內幕》於二〇一四年舉行的「點燃」研討會上，他說：

真正重要的是，若公司不持續實驗，不擁抱失敗，他們最終將陷入絕境，只能為了公司存亡而孤注一擲。那些一路上都下注的公司，甚至下大賭注，但不是把整個公司都賭進去的那種大賭注，這種公司反而會勝出。我不相信那種把整個公司都賭進去的賭局，那是你陷入絕境時才會做的事，到那時候，你只剩這一招了。

太多公司在順境時只求安全溫飽，倘若境況轉壞，現金流量減緩，資金吃緊，就必須做出犧牲，甚至到了怎樣的地步呢，一些事業縱使只是「打了個嗝」，經歷小挫折，就可能被快速收攤。

亞馬遜在其預算中內建「失敗」，彈性地把資源分配給他們明知將失敗的許多嘗試。但是，他們知道，不僅少數幾個大成功產生的報酬就能夠彌補許多失敗的成本，而且，亞馬遜能夠從失敗中學習，以這些失敗為基礎，創造其他成功。

基本上，亞馬遜的研發部門就是整個公司——亞馬遜的每個員工，包括貝佐斯在內。

亞馬遜最成功的失敗

有兩個連續失敗（但最終是成功的失敗）使得亞馬遜損失了大把金錢。這兩個失敗中的第一個是亞馬遜在一九九九年試圖和 eBay 競爭，它設立一個名為「亞馬遜拍賣」（Amazon Auctions）的平台，基本上相似於 eBay 的平台，但有幾項改進。亞馬遜拍賣網站的確吸引了許多賣方和一些買方，但最終仍然不敵 eBay，就連貝佐斯在接受布洛傑訪談時，也說亞馬遜拍賣網站「並不是很成功」。

這個失敗固然有許多原因，其中一個許多人都認同的因素是，消費者不自在於使用亞馬遜的平台來競標產品。消費者在亞馬遜購物時，他們期望挑選一項產品，支付固定價格，而且是比其他許多通路更低的價格，這種對價格確定性的渴望，對亞馬遜的顧客而言是相當重要的。

另一方面，在 eBay 購物的人則有不同於亞馬遜顧客的心態，他們願意競標品項——尤其是獨特的品項，縱使最終競標輸了，也沒關係。消費者習慣使用 eBay 競標產品，使用亞馬遜購買產品，他們無法轉變心態，以不同方式在亞馬遜的平台上購物。

因此，就像「在沒打麻醉藥之下做根管治療」，亞馬遜拍賣網站失敗了，亞馬遜丟棄拍賣模式，轉變成另一種名為「zShops」的實驗，這是它的第二個失敗。

zShops 是亞馬遜的一項創意嘗試，讓第三方賣家使用亞馬遜的大型及成長中的平台。讓其他「賣家」在亞馬遜的「商店」賣東西，這是一個巨大的冒險，因為第三方賣家畢竟是亞馬遜的競爭者。zShops 的第三方賣家使用亞馬遜網站上的一個特別登錄頁面陳列產品，這頁面有和亞馬遜區分開來的登入系統和搜尋引擎，也就是說，這些賣家陳列銷售的品項和亞馬遜本身銷售的品項區隔開來，賣家支付一筆小額費用，使用亞馬遜的平台。

可是，顧客不喜歡 zShops 上要求的額外步驟，於是，zShops 也以失敗收場。但是，關掉 zShops 後，讓第三方在亞馬遜平台上賣東西的構想存續下來，發展成年營收數千億美元的亞馬遜市集（Amazon Marketplace）。

一・七八億美元的失敗

用錢來衡量的話，亞馬遜的最大失敗是名為「Fire Phone」的智慧型手機，讓亞馬遜一年賠了一・七八億美元，其中一・七億美元是單一會計年度季認列的資產帳面價值減記，以沖銷壞帳。

Fire Phone 於二〇一四年七月二十五日問世時，由 AT&T 獨家綁約銷售給 AT&T 電信客戶，售價六百四十九美元。它被稱為一款「購物機」，因為它的設計主要就是幫助在外活動的人們手機上網亞馬遜購物。

貝佐斯在二〇一四年六月發表這款手機，在當時，它具有還不錯的性能規格，例如有多組相機搭配形成 3D 視覺。但是，這種「動態視角」功能似乎只不過是個技術噱頭，以一．七八億美元的帳面價值減損來看，銷售量顯然很差。

亞馬遜試圖提振銷售，在二〇一四年九月增加了一種合約選擇，綁約價只需〇．九九美元。二〇一四年十月，非綁約價降低至一九九美元。但是，持續低迷的銷售量反映了一個大問題：沒人想要這款手機，沒人購買它。

在二〇一四年十月號《財星》（*Fortune*）雜誌的一篇文章中，亞馬遜設備與服務部資深副總大衛．林普（David Limp）承認，亞馬遜在手機訂價上犯了錯。這篇文章中指出，在亞馬遜自家網站上，Fire Phone 的平均顧客評價只有兩顆星。

Fire Phone 是亞馬遜以失敗收場的大賭注之一，而且損失慘重，該公司向美國證管會申報的二〇一四年 10-K 年報中寫道：「我們認列 Fire Phone 存貨價值損失以及向供應商承諾的成本，總計於二〇一四年第三季認列一．七億美元。」

亞馬遜對於Fire Phone的官方態度是：偶爾摔個狗吃屎，在所難免，甚至有其必要。意思就是，這是一次「成功的失敗」。

何以說它是個「成功的失敗」呢？開發Fire Phone的團隊把他們學到的東西，應用於後來開發的亞馬遜智慧型音箱Amazon Echo和智慧型語音助理Alexa，創造了數十億美元的營收。

成功的失敗是一種成功心態

必須澄清的一點是，失敗並非指不稱職或懶惰，事實上，亞馬遜絕不寬容不稱職，當嘗試新構想或方法時，該公司預期可能失敗，但它不寬容你未盡全力。

擁有超過六十萬名稱職員工，以及可以無懼地、安全地嘗試新東西的環境，誰知道亞馬遜將來還會有何驚人成就呢？說不定，貝佐斯和亞馬遜會成為第一家登陸月球的私人部門公司呢。

想一想你能怎麼應用

鼓勵「成功的失敗」

思考問題1：你的公司有一張「容許失敗」的項目清單嗎？你的公司如何處理失敗？

思考問題2：你上一次使用一個失敗經驗做為「個案研究」來改進你的事業，是何時呢？

思考問題3：在你的公司或事業裡，你可以如何做，以宣導「失敗是學習與改進的機會」？

請上「TheBezosLetters.com」，取得更多資源。

2 法則 2：下注於宏大構想

歷經二十年的冒險與團隊合作，再加上一路行來的好運氣，我們現在很開心找到了三位我認為理想的人生夥伴：亞馬遜市集（Amazon Marketplace）、亞馬遜尊榮會員服務（Amazon Prime）、亞馬遜雲端運算服務（AWS）。這三種業務起初都是**大膽的賭注**，明理的人擔心（經常！）它們不會成功，但現在，已經可以相當明顯看出它們有多特別，我們擁有它們，何其有幸。

——二〇一四年貝佐斯致股東信

亞馬遜市集於二〇〇〇年十一月推出，旋即快速成長。在先前推出的第三方賣家平台 zShops 以失敗收場後，為何亞馬遜市集能夠成功呢？（注：這裡所謂的「成功」，指的是這個市集的營收在一九九九年時僅占亞馬遜總營收的三%，到了二〇一八年，這個比重已經提高到五八%。）（譯注：Amazon Marketplace 是二〇〇〇年推出的，一九九九年指的是其前身 zShops。）

兩者的一大差別是，亞馬遜市集讓第三方賣家的品項和亞馬遜本身銷售的品項出現於相同頁面，呈現給購物者，每個品項只有一個陳列，不像之前的 zShops，為每個賣家製作一個新陳列，把第三方賣家銷售的產品和亞馬遜本身銷售的產品區隔開來，分屬不同頁面和不同系統。這個簡單的改變使第三方賣家的交易變得遠遠更順暢，顧客不再需要去亞馬遜網站的另一個區塊比較相同產品的價格。

有了亞馬遜市集，顧客便能有所選擇：他們可以選擇直接向亞馬遜購買一個品項，抑或選擇向第三方賣家訂購。若第三方賣家的價格較低，或是亞馬遜本身沒有庫存，亞馬遜就會失去這筆生意。這讓任何賣家可以直接觸及亞馬遜每天往來的數千萬名顧客。

但是，靠著精明的設計，亞馬遜向加入此平台的第三方賣家收取一小筆佣金，因此，縱使亞馬遜失去了一筆生意，它仍然有收入。第三方賣家樂意支付佣金，以使用亞馬遜的平台，亞馬遜當然也樂得收取佣金。

這模式奏效，現在，亞馬遜市集有數百萬個人賣家和大大小小企業在Amazon.com上銷售產品。

但不是任何商家都能在亞馬遜市集賣東西，每個商家必須符合亞馬遜的規範。亞馬遜高度執著於顧客體驗，若你想成為亞馬遜市集的商家，你也必須同樣重視顧客體驗，因為亞馬遜將不惜一切代價，保護其顧客。知道這一點，使顧客能安心在亞馬遜市集向第三方賣家購買，而且，這也保護了亞馬遜辛苦贏得的地位。

不意外地，讓第三方賣家使用亞馬遜平台的構想剛提出來時，亞馬遜內部許多人認為這是糟糕的點子，亞馬遜怎麼可以把非常寶貴的螢幕「不動產」提供給競爭者使用呢？

這個構想的高明之處是：亞馬遜市集的賣家支付費用以通往亞馬遜的顧客群及使用亞馬遜的訂單處理與遞送基礎設施，平均而言，賣家每賣一個品項，支付其銷售額的約一五%給亞馬遜。亞馬遜上賣出的品項有過半數是第三方商家出售的，因此，累加起來的佣金很可觀。

亞馬遜市集開始於二〇〇〇年，其前身zShops則推出於一九九九年，到了二〇〇一年底，亞馬遜市集的美國國內訂單成長六%，「遠超過我們推出亞馬遜市集時的預期」，貝佐斯說。到了二〇一八年，亞馬遜的全球總營收中，有五八％來自第三方賣家，創造了約一千六百億美元的銷售額。

亞馬遜拍賣網和 zShops 無疑地是最終帶來回報的「成功的失敗」。

下注於免運費服務：超省錢運送服務及尊榮會員服務

亞馬遜在二〇〇二年提出一個大膽構想，認為這可能永久改變人們的購物方式。在他的車庫創立亞馬遜的八年後，貝佐斯無疑地認知到，導致人們不在線上購物的最大阻礙之一是運送費。線上購物為顧客提供許多便利性，也幫助企業降低間接成本——他們可以在房地產及作業成本較低的鄉村地區設立倉儲中心。顧客需要取得他們購買的產品，但運費不便宜，而且，支付運費也構成一種心理障礙。

運費是顧客和亞馬遜生意往來的最後大障礙之一。線上購物，顧客無法觸摸與感覺產品，亞馬遜透過提供圖像及自由退貨政策，克服了這道障礙。此外，在亞馬遜網站購物的容易度比驅車前往實體商店更為便利。但線上購物的運費仍然導致許多人卻步，繼續去購物商場和地方性百貨店買東西，縱使只是少許運費，仍然對許多人構成心理障礙，導致他們不願意去線上購物。

貝佐斯及其團隊構思一個克服此障礙的方法：訂單金額超過二十五美元者免運費。這是亞馬遜下的一個大賭注，運費不便宜，而且，這也不是亞馬遜本身能夠控管的成本，公司必須付費給聯邦快遞（FedEx）、優比速（UPS）、美國郵政服務之類的公司，使用其提供的遞送服務，倘若這些公司調高運費，亞馬遜的成本可能飛升。

亞馬遜推出「超省錢免運費服務」（Super Saver Shipping，這是當時坊間最低的購物運費），訂單金額最低得超過二十五美元才能免運費，以幫助縮限這個大賭注的風險。不過，這項免運費的投資仍然是個豪賭。

這政策一推出，大眾回應了，而且是非常正面的回應，亞馬遜的顧客開始把他們購物車裡的品項總金額增加到超過二十五美元門檻，通常，這只需要你再多買一件產品。

三年後，免運費政策已經受歡迎到致使亞馬遜再加倍賭注，推出了「亞馬遜尊榮會員服務」。年繳會費七十九美元，可享無限制的兩天內送達免運費，另可每筆訂單支付三．九九美元，取得當日送達。

問題是：人們會支付一筆會員費，取得尊榮會員資格，以享受無限制的免運費服務嗎？

亞馬遜對尊榮會員服務所下的豪賭獲得極大報酬。截至二〇一八年，已有超過一億人成為亞馬遜尊榮會員，亞馬遜後來把年費提高到一一九美元，或是月費一二·九九美元。更值得一提的是，二〇一八年，尊榮會員平均每人每年消費一千四百美元，遠高於非尊榮會員的六百美元。

貝佐斯下注於提供免運費服務時，他相信此舉能幫助亞馬遜克服最大的顧客障礙之一：運送成本。當他提供尊榮會員無限制免運費兩天內送達服務時，他相信這可以為顧客提供更便利的免運費服務。推出亞馬遜尊榮會員服務，起初風險相當大，而且，並非一切皆美好，這裡提供一個驚人事實：光是二〇一八年，亞馬遜就花了二百七十七億美元的運費成本。

但是，尊榮會員如今已是亞馬遜的一項重要服務，擴展至包括觀看串流影片等三十五項其他好處，一年創造上百億美元尊榮會員費收入和上千億美元營收。

貝佐斯在二〇一四年致股東信中回顧亞馬遜尊榮會員及免運費服務的賭注：

十年前，我們推出亞馬遜尊榮會員服務，起初是一種吃到飽的免運費且快速遞送服務，當時，一再有人告訴我們，這是危險的行動，就某些方面來說，的確是，推出此服務的第一年，我們捨棄了龐大的運費收入，沒有任何簡單的數學能夠告訴我們，到底值不值得。

我們的決策是根據早前推出「超省錢免運費服務」時獲得的正面結果，以及直覺顧客應該會很快領悟到這是購物史上最實惠的服務。此外，分析結果也告訴我們，若能達到規模化，我們即能顯著降低快速遞送的成本。

為顧客重新定義遞送，這是一場豪賭，但這是一個最終獲得極大報酬的賭注。

下注於利用基礎設施：AWS

……所有AWS都是按使用量付費，把資本支出徹底改變為變動成本。AWS是自助式服務，你不需要商議合約，不需要和業務員往來，只需閱讀線上文件確認後，即可開始使用。AWS有彈性，可以輕易擴大或縮小規模。

——二〇一一年貝佐斯致股東信

多年來，亞馬遜下的大賭注可不是只有免運費，貝佐斯及其團隊一直都認為他們可以改變世界，讓亞馬遜成長至新高點。

對於亞馬遜的進軍新商業市場，貝佐斯總是設有必須通過的標準與檢驗，他在二〇一四年致股東信中說（注：列點標記是本書作者所為）：

一個理想的產品或服務，必須具有至少四種特徵——

- 顧客喜愛它；
- 它能夠成長至很大的規模；
- 它能帶來堅實的資本報酬；
- 它能夠持久，有存續數十年的潛力。

技術向來是亞馬遜的動力，不消說，對一個線上事業而言，一切都跟技術有關。但在早年，ＩＴ技術昂貴，不是一個利潤中心。在亞馬遜內部，ＩＴ部門的守門人是阻礙其他部門快速成長的一道瓶頸，跟當時的多數公司一樣，ＩＴ部門掌控資源，但在亞馬遜的快速成長下，這道瓶頸變成一個巨大問題，激怒包括貝佐斯在內的許多員工。

布萊德．史東（Brad Stone）在其著作《貝佐斯傳》（*The Everything Store*）中談到，貝佐斯當時讀了史帝夫．葛蘭德（Steve Grand）的著作《創造》（*Creation*，此書內容不是談聖經裡的創世紀，而是談一款名為「Creatures」的電玩遊戲）。這本書顯然啟發了貝佐斯及亞馬遜的雲端運算事業構想——建立基礎設施，把雲端運算技術區分成小塊，讓軟體開發者可以它們做為基石，也提供ＤＩＹ服務所需要的彈性。

亞馬遜首先啟動的流程是建立一個中央化的開發平台，讓公司內部任何部門或團隊可以使用，因為內部部門或團隊雖不同，但都需要相同的技術服務，有一個通用的基礎設施服務，大家就不必再重新發明輪子。這使亞馬遜覺察，應該不只是內部團隊有這需求，他們可能發掘了一個大有可為的事業機會。

二〇〇三年，在亞馬遜高階主管團隊舉行的一次避靜會議中，他們辨識公司的核心能力。他們知道，亞馬遜可以供應廣泛產品，亞馬遜擅長處理與遞送訂單，但深入發掘後，他們認知到，亞馬遜也已經變得很善於運作一個可靠的、可擴大規模的、具有成本效益的資料中心。由於亞馬遜的業務利潤率低，該公司建立的資料中心及服務必須盡可能精實且高效率。

ＡＷＳ以按使用量付費的模式，為個人、公司與政府提供隨需（on-demand）的雲端運算服務，一個新事業於焉誕生。貝佐斯在二〇〇六年致股東信中寫道：

我們建立了AWS這個新事業，聚焦於一個新的顧客群……軟體開發者。我們瞄準軟體開發者都會面臨的廣泛需求，例如儲存和電腦運算能力，這些是軟體開發者需要協助的領域，也是我們過去十二年間擴大亞馬遜網站時發展出深度專長的領域，因此，我們很好的能力基礎，在此新事業上大有可為。這是一個高度差異化的事業，假以時日，可以成為一個重要、很有賺頭的事業。

市場對此服務的反應如何呢？貝佐斯在二〇一四年致股東信中寫道：

九年前推出時，AWS是一個非常新穎的概念，如今，這個事業已經壯大，且持續快速成長中。新創公司是早期採用者，隨需、按使用量付費的雲端儲存及運算資源，顯著加快創立一個新事業的速度，釘圖（Pinterest）、多寶箱（Dropbox）、愛彼迎（Airbnb）等公司全都使用AWS，至今仍是我們的客戶。

他對 AWS 事業下的大賭注，回報如何呢？貝佐斯在二〇一四年致股東信中寫道：

我相信，AWS 是那種既能服務顧客、又能替未來賺好多年錢的理想事業。我何以如此樂觀呢？首先，這個商機的規模很大，最終涵蓋伺服器、網路、資料中心、基礎設施軟體、資料庫、資料倉儲等領域的全球支出。相似於我對亞馬遜零售事業的看法，基於種種實用性，我相信 AWS 的市場規模不可限量。

先下小注進行實驗

從亞馬遜下注於宏大構想的做法中獲得的最重要啟示是，縱使一個構想有很好的潛力，貝佐斯也仍然從下小注做起，至少，以相對程度而言是如此。

以免運費服務為例，亞馬遜首先嘗試訂單金額超過二十五美元的「超省錢免運費服務」，獲致成功後，他們才下更大的賭注，推出「亞馬遜尊榮會員」服務。這項服務的回報愈大，亞馬遜對它的投資愈多，陸續加入串流影片及其他服務，並調高會員費。

亞馬遜市集、尊榮會員服務與AWS為亞馬遜創造數千億美元的年營收和上百億美元的年獲利，早先的亞馬遜拍賣網讓該公司損失很多錢，但並不損及亞馬遜的復元力。

如同貝佐斯對於失敗的評論：「那些失敗不好玩，但不要緊。」

未來的大賭注

肯尼．羅傑斯（Kenny Rogers）在一九七九年發行的著名歌曲《賭徒》（The Gambler）中有這麼一段歌詞：「你得知道何時該跟進；知道何時該蓋牌；知道何時該走人；知道何時該見好就收。」貝佐斯做到這些的方法是訂定評估大賭注的標準，最好的例子莫過於他如何處理多年來許多人詢問過他的一個議題：開設實體商店。

在明確談到實體商店之前，貝佐斯總結他的事業經營方法：

以亞馬遜目前的規模來說，埋下未來將成長為重要新事業的種子，需要有紀律、耐心，以及培育的文化。

我們現有的事業是根基穩健的幼樹，它們正在成長中，有高資本報酬，在很大的市場區隔中營運，這些特徵為我們將創設的任何新事業樹立了高門檻。把股東的錢投資於一項新事業之前，我們必須說服自己，這個新機會能產生投資人投資亞馬遜時期望獲得的資本報酬，我們必須說服自己，這項新事業能夠成長到可以在我們的整個公司中舉足輕重的規模。

此外，我們必須能夠說服自己相信這個市場機會目前未獲得足夠或夠好的耕耘，我們有能力在這市場上為顧客提供優秀的差異化。若沒有這信心與把握，我們不太可能在這個新事業達到規模化。（節錄自二〇〇六年貝佐斯致股東信）

接著，貝佐斯切入實體商店這個主題，他寫道：

常有人問我：「你們打算何時開設實體店？」這是我們一直拒絕的一個擴張機會，因為在前述檢驗標準中，它只符合了一項，其餘標準都未通過。建立一個實體店網絡的潛在規模頗大，令人雀躍。但是，我們不知道要如何做到低資本和高報酬；實體店零售業是個精打細算、歷史悠久的商業，市場已經獲得良好且充分的服務；而且，我們不知道該如何打造一種對顧客而言是重要差異化的實體店體驗。（節錄自二〇〇六年貝佐斯致股東信）

許多人看到這些，可能會認為亞馬遜沒興趣開設實體商店，但其實是貝佐斯還未找到能夠符合他及亞馬遜創設任何新事業的標準的途徑，因此，他以紀律和耐心去抗拒不明智的冒險，等待可以明智冒險的時機成熟。

讓我們快速前進至近幾年，亞馬遜已經開設了一些實體店，首先是亞馬遜實體書店，接著是亞馬遜無人商店（Amazon Go），再來是二〇一七年斥資一百三十四億美元收購全食超市（Whole Foods），這是一個亞馬遜先冒較小風險、爾後才擴大規模，下大賭注的好例子。

尋找第四個大賭注

亞馬遜市集、尊榮會員服務，以及AWS是三個大事業構想，我們很幸運擁有它們，決心要改進及發展它們，使它們變得對顧客更好。各位也可以期待我們努力找到第四個，我們已經有一些候選名單在研究中，一如我們二十年前做出的承諾，我們將繼續大膽下注。（節錄自二〇一四年貝佐斯致股東信）

想一想你能怎麼應用

下注於宏大構想

思考問題1：你上一次下注於宏大構想是何時呢？

思考問題2：你可以如何鼓勵你的團隊（甚至鼓勵你本身），願意去探索宏大的新構想？

思考問題3：現在有什麼宏大構想是你願意下注的？

請上「TheBezosLetters.com」，取得更多資源。

3

法則3：實行動態發明與創新

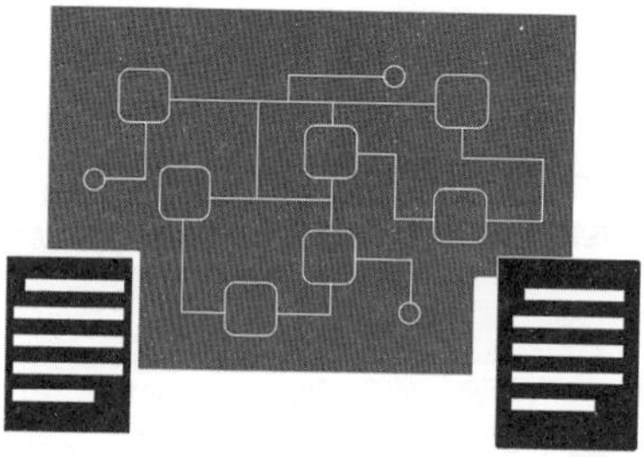

我認為，我們特別獨特的一個領域是失敗，我相信，我們是全世界最善於失敗的公司（我們練習了很多的失敗！），失敗與發明是不可分割的雙胞胎，為了發明，你必須實驗，若你事前就知道行不通，那就不是實驗了。

——二〇一五年貝佐斯致股東信

一說到愛迪生，許多人想到的是，他是燈泡的發明人。雖然，燈泡的發明歸功於愛迪生，但實際上，他是發明了使燈泡更具經濟效益而能夠進入主流市場的燈絲。

愛迪生是個多產的發明家，他常被引述說過以下的話：「若我發現一萬種行不通的方法，我就沒有失敗，我不會灰心，因為每一個被丟棄的錯誤嘗試，通常就是向前邁進一步。」

他說「一萬種行不通的方法」，可不是開玩笑，因為就是有那麼多的嘗試，使他取得許多專利和得出無數發明，因而獲得「門洛公園的魔法師」（the Wizard of Menlo Park）的封號，門洛公園是他個人的研發實驗室。愛迪生在世八十四年，光是在美國，就取得了一千零九十三項專利，雖然，這些專利與發明，他功不可沒，但他之所以能夠獲致這麼多的發明，其方法卻是美國史上較不為人知的故事之一。

雖然，多數人想像中的愛迪生是一八〇〇年代末期和一九〇〇年代初期的一個睿智之士，獨自坐在實驗室裡審問及思考如何讓所做的事行得通，但真實故事遠不同於這種情境。愛迪生夠聰穎且明智，懂得別獨自嘗試及做他想做的每件事。不，愛迪生絕對不是多數人想像中那種獨自坐在房間裡鑽研的老天才，一八八七年時，他在紐澤西州西橙鎮（West Orange）設立實驗室，雇用的研發人員從最初的三十五人，到後來的數千人，該實驗室被形容為一座「發明工廠」。

此時，他的實驗達到了系統化的工業規模，每一個儲藏室都備有充裕材料（這在當時是罕見的），好讓他的實驗團隊隨時可以取得他們進行實驗與探索所需要的東西。因此，形容愛迪生為商業研發之父暨舉世最多產的發明人，或許更為正確。他也對嘗試錯誤的摸索流程做出更直接的評論：「衡量成功的真正評量是能夠在二十四小時內擠進的實驗次數。」

大約兩百年後，貝佐斯也對發明與創新採行相同的商業方法。他不是在亞馬遜設立一個部門，專責公司產品／服務及營運方法的創新工作（典型的企業研發部門），而是鼓勵所有部門的所有組織層級——基本上就是每個亞馬遜的領薪員工——進行實驗。他在每個員工的職務說明中列入發明這項職責，這是幫助亞馬遜成長的核心法則之一。

那麼，發明與創新有何不同呢？

- 發明與創新相互關聯，但發明可以定義為創造出新東西——創造出一項新產品，或首次推出一種新流程。
- 創新是改進現有的產品、服務或流程，或對其做出顯著貢獻。
- 發明與創新都需要一種文化、環境與心態，才可能實現。

我們可以從貝佐斯在二〇一一年談到電子書閱讀器 Kindle 時所說的這番話，看出他對於發明及創新的想法：

我們總是傾向未來，推出激進的、變革型的創新，為無數作者、創業者與軟體開發者創造價值。在亞馬遜，發明已經是我們的習慣成自然了，在我看來，亞馬遜團隊的創新步調更加快速了，我可以很肯定地告訴各位，這團隊非常有幹勁。

亞馬遜的一個核心價值觀是動態發明與創新，意味的是，人人時時尋求改進。在亞馬遜，打從你就職的第一天，發明與創新就根深柢固地長在日常文化中，不論你是剛大學畢業的新進員工，或是經驗豐富的業務代表，貝佐斯期望你檢視每項工作，思考你可以如何改進它或提高效率。

亞馬遜想要能夠主動思考以下這個疑問的員工：「我能做什麼實驗，以產生更好的結果？」事實上，質疑現狀是亞馬遜對員工的要求。該公司鼓勵每個員工嘗試新東西，提出疑問，從頭以不同角度來檢視流程。

若你做出嘗試，但行不通呢？別擔心。若你的態度良好，你認真地嘗試了，你的失敗多半會被頌揚，而不是遭到責備。你的嘗試有可能變成「成功的失敗」之一，被貝佐斯轉化成獲利數十億美元的業務。

若你嘗試的新東西行得通，亞馬遜期望你和他人分享，以幫助組織成長。亞馬遜鼓勵你收集相關資料，支持你的結論，向你的直屬主管提出，並在一小群同僚內測試它是否可以複製且可靠。若你的初始資料在較小的規模下被確證，公司可能要求你負責為全體員工設計一套訓練課程，以推廣你的新方法。

動態發明有助於釋放創造力

亞馬遜側重在全組織實行動態發明，這成為該公司的主要成長法則之一，其理由很多，但其中兩個理由最為顯著。

第一，這幫助該公司辨識最富創造力的團隊成員。在員工數超過六十萬人之下，鼓勵所有員工去測試與分享他們的最佳點子，遠比去辨識所有員工當中誰是善於提出有關產品、平台或流程新點子的「發明者」更為容易。藉由鼓勵所有人提出創造和改進的構想，讓發明者自行浮現，結果可能令你驚奇。

第二，這授權所有實際執行每項工作的員工，自行想出把他們的工作做得更好或改善流程的新方法。仔細觀察，你會發現，最富生產力的工作者都會想出幫助他們把工作做得比其他人更好、更快速的新方法。那些坐在三樓會議室裡、不在一線現場親自作業的經理人，無法想出實際有效的新點子。

當然，訓練有素的眼睛通常能夠辨識最富生產力的員工，以及他們生產力如此高的原因。但是，最佳點子幾乎總是由實際執行工作的人想出來的，而非來自制式領導階層者。亞馬遜授權其員工進行實驗，鼓勵他們分享最佳點子，使整個組織蒙益。

貝佐斯總是尋求創意思維。二〇一八年，在彭博財經頻道的《大衛魯賓斯坦秀》（*The David Rubenstein Show*）節目中接受訪談時，他談到剛創立亞馬遜時的一個故事：

> 我跪在地上包裝產品，另一個部門的某人也在一旁，同樣跪著包裝產品，我說：「哎，我們需要跪墊，我的膝蓋痛死啦」，旁邊這傢伙說：「我們需要包裝產品的桌子」，我心想，這真是我聽過的點子中最聰明的一個！[9]

刻意營造促進動態發明的文化與體制

幾乎所有公司都知道，必須發明與創新，才能生存下去。但是，多數公司未能像亞馬遜那樣富有發明與創新力，問題不在知不知道發明與創新的必要性，也不在有沒有發明與創新的欲望，問題在於建立能夠促使發明與創新在所有組織層級蓬勃興盛的公司文化與體制。

亞馬遜格外致力於發展一個促進創新思維、實驗自由，以及寬容失敗的內部文化。一個組織的文化必須容許員工充分測試新點子——哪怕看似「瘋狂」的點子，此外，必須讓員工能安心進行實驗，毋須害怕萬一初次沒能成功，將對他們的資歷發展造成不利影響。

為了在你的組織實行動態發明，你必須授權你的團隊進行實驗，並向他們確保，失敗不會導致重大後果。我的朋友暨事業夥伴科特・哈弗曼（Kurt Huffman）說：「人們害怕失敗的後果，擔心會被炒魷魚、被嘲笑、受傷害、被列入黑名單、被降級等等。還有，人們可能仍然不喜歡失敗，我也不喜歡失敗，但當我知道失敗的後果是被視為學習機會，而不是收到解雇通知書時，這就會促進、而非抑制創新。」

若員工（包括管理階層在內）進行實驗而失敗，應該鼓勵他們和團隊領導人、團隊成員或同僚分享他們的感想與結果，這些由最接近實際工作的人試圖改進而產生的集體智慧，可以幫助辨識哪裡有問題。或者，他們可以幫助辨識如何把失敗轉化為「成功的失敗」，為組織帶來其他益處。

組織及所有人務必言行一致，說到做到。若你責備或懲罰誠心誠意進行實驗、但失敗的員工或同僚，那麼，這將是他們最後一次試圖創新或嘗試創意的新東西。若其他人得知，實驗失敗的後果就是遭到抨擊或懲罰，他們也將很快地不再尋求改進與創新。

因此，組織應該鼓勵員工明智地冒險，因為現今多數企業的最大危險是冒險不足。

利用你的優勢

亞馬遜目前正在對設立實體零售店進行實驗、發明與創新，該公司原本以線上書籍零售業務聞名，現在則是嘗試設立實體零售店。他們究竟是在市場上看到了什麼，促使他們嘗試設立實體書店呢？

其一，若人們已經知道他們想買什麼書，他們就不會去亞馬遜實體書店（Amazon

Books），他們會直接去亞馬遜網路書店訂購。他們去亞馬遜實體書店瀏覽，尋找他們想買的下一本書。

我造訪過位於芝加哥、紐約市與華盛頓哥倫比亞特區的亞馬遜實體書店，我的觀察是，亞馬遜實體書店和傳統實體書店有下列差別：

- 所有書都正面陳列，讓顧客看到大面積的書封，而不是像傳統書店那樣，以印了書名的書脊面向顧客。這意味的是，亞馬遜實體書店陳售的書籍量無法像傳統實體書店那麼多。但在實驗中，亞馬遜發現，消費者喜歡能夠看到書封。
- 比起多數傳統實體書店——例如邦諾書店（Barnes & Noble），亞馬遜實體書店面積較小，因為每一本書，不會存放多本，顧客可以使用店內擺放的終端機訂購。
- 亞馬遜實體書店只陳列得到高評價的書籍——在亞馬遜網站上獲得四．六顆星以上評價的書籍（最高評價為五顆星），凡是低於四．六顆星評價的書籍，都不會陳列在亞馬遜實體書店的書架上。縱使是名列《紐約時報》暢銷書排行榜的書籍，若在亞馬遜網站上獲得的平均評價低於四．六顆星，也無法在實體書店中陳售。
- 每本書都有一個內含QR碼的告示牌，展示有關此書的資料，包括所有書評，你可以使用你的手機或平板電腦，掃描QR碼後即可取得及瀏覽那些書評。也就是說，在看到實體書的同時，你還可以瀏覽更多有關此書的資料。

- 亞馬遜已經知道每個地區的居民在閱讀什麼書籍，因此，各地的亞馬遜實體書店陳售當地流行閱讀的書籍，每間書店根據當地喜好與興趣加以挑選與陳售。
- 除了書籍，亞馬遜實體書店也陳售亞馬遜的硬體產品如Fire TV、Echo等等，以及其他流行的電子設備。

亞馬遜做的是具有創新與發明力的公司所做的事——實驗與測試什麼做法最迎合顧客，以及什麼做法能夠改善顧客體驗。

何以動態發明與創新是必要？

發明與創新有各種方式與迭代，貝佐斯在二〇一一年致股東信中談到「發明的力量」：

發明有許多形式與規模，最激進且具變革形式的發明，往往是那些賦能他人釋放他們的創造力以追求實現其夢想的發明，這是AWS、亞馬遜物流，以及Kindle自助出版（Kindle Direct Publishing）的主要目的，我們創造的這三項服務是強大的自助平台，讓無數人可以勇於實驗，達成以往不可能或無法實現的事。這些創新的大規模平台並不是零和平台，它們創造雙贏局面，為軟體開發者、創業者、顧客、作者與讀者創造高價值。

亞馬遜很明顯地在所有組織層級實行動態發明與創新，你的組織若想像亞馬遜那樣地成長，就必須促使組織全員在目前所做的事情上創新與改進。

從先前的失敗中學到的東西，可以幫助改善未來的實驗計畫，降低未來實驗的損失，使未來的專案更可能成功。亞馬遜知道發明與創新需要實驗，實驗必然有失敗，為了學習，必須追蹤與評量你的結果。

亞馬遜的發明實驗：Lab126

對於亞馬遜、蘋果、Google這類企業，競爭優勢最為重要，若大家都知道你正在研發什麼，就難以產生競爭優勢。「臭鼬工廠」（Skunkworks）這個暱稱經常被用以代表祕密研發基地。

二〇〇四年，亞馬遜想改善實體書，使顧客更易於發掘和閱讀書籍，於是在舊金山灣區創立Lab126，這是該公司專門研發硬體及消費性電子設備的祕密研發中心，首先研發出來的產品是電子書閱讀器Kindle。[10] 這是亞馬遜的一大躍進：嘗試為實體世界創造一種產品，而非僅專注於線上世界。

Lab126內部稱他們的第一項實驗為「專案A」，研發的產品為Kindle（二〇〇七年發表），「專案B」則是二〇一四年發表的Fire Phone（亦即「成功的失敗」），「專案D」則是Echo，以上列舉一小部分。（有人猜測「專案C」的內容，但亞馬遜迄今未透露。）[11]

Lab126這個名稱源自亞馬遜公司名稱標誌裡的箭頭，如同微笑符號般，從「Amazon」中的A劃向Z，Lab126中的「1」代表英語字母表中排序第一的「A」，「26」對應排序第二十六的「Z」。

Lab126 總是走在發明的創新尖端，說不定，它們現在就在做「專案 X」或「專案 Y」或「專案 Z」，期望成為新一波的實踐承諾——服務顧客，創造令顧客興奮的新產品與服務。

我想，若愛迪生和貝佐斯相遇的話，他們會發現兩人有一、兩個共通點。

想一想你能怎麼應用

實行動態發明與創新

思考問題1：接下來三十天，花點時間思考：我想在我的事業中做的下一個新嘗試是什麼？

思考問題2：你可以如何在你的公司內設立一間類似「Lab126」的研發、實驗單位？

請上「TheBezosLetters.com」，取得更多資源。

成長循環：建造

以顧客為念

採取長期思維

了解你的飛輪

在亞馬遜，建造階段指的是把有前景的構想轉化為穩定的方案。亞馬遜確保它投資的每樣東西都是其顧客真正想要的東西。

好消息是，短期冒險有助於發現哪些方案可能是贏家，這麼一來就可以去除輸家（並從中學習），以便在大局中節省時間、心力與資本。

亞馬遜使用長期思維來確保每個方案（及風險）建立在可以支撐很多年的穩固基礎上，縱使這可能意味的是犧牲短期。

只賺短期利益的事業，貝佐斯全都不感興趣。亞馬遜確保每個事業方案符合亞馬遜的核心商業模式，貝佐斯稱之為「飛輪」（flywheel），這是詹姆斯・柯林斯（James C. "Jim" Collins）在其著作《從 A 到 A＋》（*Good to Great*）中創造的一個名詞。這種建造方法使亞馬遜成為一個極度聚焦且穩定（但敏捷）的公司。

4
法則 4：以顧客為念

我經常提醒員工，要害怕，要每天早上醒來後就戰戰兢兢；不是為了我們的競爭對手，而是為了我們的顧客。**我們的顧客成就我們的事業**，他們和我們有關係，我們蒙受他們的大恩惠，我們認為他們將忠誠於我們，直到有別人提供他們更好的服務，那他們就可能琵琶別抱了。

——一九九八年貝佐斯致股東信

從顧客的需求出發而倒推，這往往需要我們取得新的能力，鍛鍊新的肌肉，永遠別在意那些起初的幾步有多麼不適與笨拙。

——二〇〇八年貝佐斯致股東信

亞馬遜希望它的顧客滿意快樂。

亞馬遜公司名稱標誌中有個如同微笑符號般的箭頭，傳達的是：「遞送微笑到顧客門前」。當他們二〇〇〇年發表這個新標誌時，亞馬遜說：「現在，一個微笑始於 a，以一個酒窩終於 z，強調從 A 到 Z，亞馬遜網站供應顧客可能想在線上買到的各種東西。」[12]

滿意快樂的顧客是亞馬遜渴望達到的頂峰，貝佐斯希望所有員工都以顧客為念（obsessed with customers）。「obsessive」（執著、著迷、過分關注）一詞在臨床醫學中被用以描述超出「正常」程度的聚焦，在我們現今的語彙中，這個字往往帶有負面含義，意指著迷到了極端的程度。但這正是貝佐斯希望所有亞馬遜員工關心顧客及其需求的程度。

在所有「亞馬遜領導準則」中，最重要的準則應該是以顧客為念。在亞馬遜，領導者的首要職責是執著地以顧客為念，而該公司期望所有員工——不論他們的角色或職務，都要當個領導者。

亞馬遜領導準則——以顧客為念：領導者首先考慮顧客，再往回推。他們積極致力於贏得並保持顧客的信賴。雖然，領導者注意競爭者，但他們以顧客為念。

亞馬遜領導準則中的「以顧客為念」和安德森總結的成長法則中的「以顧客為念」密不可分，因為若沒有顧客，任何事業都無法成長。

成為一個以顧客為念的企業

亞馬遜的以顧客為念，其真正祕訣不在於概念，而在於實際執行。真真確確、百分之百的「執著」，描繪了亞馬遜堅持且全心全意聚焦於顧客的渴望與需求，而且往往是顧客本身都還不知道他們想要什麼之前，亞馬遜就先為他們設想。

亞馬遜所做的大大小小事情，都可以溯源至亞馬遜知道或相信它的顧客需要或想要什麼。

想成為一個以顧客為念的企業，你必須進入顧客的腦袋裡。思考一些有關於顧客真正想要什麼的問題，有些問題，你可能馬上有答案——你認為顧客會說他們想要的東西，但是，在你直接從他們口中聽到之前（第一手資料），你並不確知你以為的答案是否確實可靠。

現在的公司大都會說他們關心自己的顧客，只需看看許多企業常講的這句：「顧客永遠是對的」，就可知道了。但是，一句老套的口惠，遠不同於積極主動地以顧客為念。「顧客永遠是對的」，這是消極被動，要員工在顧客對公司提出疑慮時，順從顧客。

我最近在納許維爾舉辦的人才招募會上聽到亞馬遜的主管戴夫．強生（Dave Johnson）說，他進入亞馬遜之前，曾任職兩家知名公司，那兩家公司都很關注顧客，而且做得很好，「但是，在亞馬遜……我們如同著魔似地以顧客為念。」

著重以顧客為念，使亞馬遜員工變成**解方導向**（**solution-focused**），**而非問題導向**（**problem-focused**）。貝佐斯想要總是走在前頭，他想要在問題發生之前就先解決問題，亦即他不想讓問題發生。

不過，想要顧客滿意快樂，確實實踐承諾，並非總是容易之事。為了聚焦於提供顧客真正想要的東西，亞馬遜樹立「顧客體驗支柱」（Customer Experience Pillars）。亞馬遜原本就清楚他們倚賴兩根顧客體驗支柱：選擇性與便利性，但貝佐斯在二〇〇一年又加上一根支柱：努力不懈地降低價格。因此，亞馬遜的顧客體驗三支柱是：

- 低價
- 最佳選擇
- 快速便利的遞送

貝佐斯在二〇〇八年致股東信中寫道：

> 在我們的零售業務中，我們深信顧客重視低價格、大量選擇，以及快速便利的遞送，長久來說，這些將是持續不變的需求，我們很難想像從現在算起的十年後，顧客會想要較高的價格、較少選擇，或較慢的遞送。我們相信這些支柱的持久性，這信念使我們有信心投資於強化這些需求，我們知道現在投注的心力將繼續在未來獲得回報。

顧客真正想要什麼？

太多公司做錯的一點是，對自身產品與服務的聚焦多過對顧客的聚焦。在設計或改進產品時，他們把現有的功能做得更好，然後花時間與金錢行銷新功能。當顧客不購買時，這些公司的主管可能認為問題出在他們傳達的訊息，或是認為顧客不了解他們的產品或服務多麼有價值。

其實，很多時候，問題不在傳達的訊息或顧客不了解產品／服務的價值，問題出在公司事後才去思考顧客想要或需要什麼。這種公司不是以顧客為念，他們是以產品為念。

亞馬遜總是思考以下問題：

- 顧客是誰？
- 顧客的問題或機會是什麼？
- 最重要的顧客利益是什麼？（單一回答）
- 你如何知道顧客的需求？

■ 顧客體驗是什麼模樣？

顧客服務是以顧客為念的延伸

你的顧客首次接觸顧客服務時，他們想要什麼？他們最重要的渴望之一，很可能是快速解決他們的問題，愈少麻煩愈好，並且以對他們而言最好的途徑（例如聊天室、電子郵件、電話等等）解決。

舉例而言，亞馬遜知道，多數人痛恨在電話線上等候，就算是短時間等候某人來接聽你的電話，你也不耐煩。所以，你打電話至亞馬遜客服中心，不需要在線上等候，輸入你的電話號碼之後，幾乎馬上就有亞馬遜的專人打電話給你。

不過，很重要而必須了解的一點是：亞馬遜認為，顧客因為有問題而需要打電話給他們，這代表他們的系統中存在一個失敗。亞馬遜想要讓顧客能夠自行解決問題，或是亞馬遜自動發現問題，主動解決，不需要轉手幾次。

話雖如此，一些顧客可能仍然想和真人交談（不論是透過聊天室，還是電子郵件，或是電話），這樣才能使他們感覺他們的問題被確實聽到。因此，亞馬遜提供多種選擇的顧客服務。

亞馬遜知道，若顧客必須非常辛苦地找到接洽途徑，以快速解決他們的問題，他們將會不滿意，而他們的不滿意可能衍生出傳播速度比閃電還要快的壞口碑。但若客服解決顧客的問題，退貨率就會降低，顧客在社交媒體上對你公司的評價就更正面（縱使他們曾經在你的產品或服務中遭遇問題），線上評價更好，回客率更高。亞馬遜期望的就是這個。

但不只如此，貝佐斯知道，成長與成功之鑰並不是有更多客服人員為顧客解決問題，而是在問題擴散之前，除掉它們。舉例而言，在客服電話或線上聊天室和顧客交談時，客服人員並非只是呆板地依循檢查表或腳本來執行解決問題流程，亞馬遜授權客服人員採取他們能夠為顧客提供最佳服務的任何措施。

我的太太討厭購物，但很喜歡在亞馬遜線上購物，不久前，她在亞馬遜網站訂購無咖啡因咖啡，但收到的是含咖啡因的一般咖啡。她在聊天室向客服人員申訴，獲得產品替換，客服人員告訴她，若她日後再發生這種情形，請聯繫他們，他們會把這項產品下架，並調查此問題。

後來，當她再度收到錯誤的咖啡時，她打電話給亞馬遜客服人員，他們便把這品牌的咖啡下架，換上另一種品牌，並贈送點數給她，彌補她收到錯誤產品的體驗。

她固然遭遇了不便利，但最終感到滿意，因為她覺得亞馬遜客服人員不僅傾聽，也回應處置了更大的問題，她覺得他們認真確實地解決問題，不是只求使她開心滿意，而忽視問題的根本原因。（外加的一個好處是，她可以把送錯的含咖啡因咖啡留下來，招待想要「經嚴格檢測」咖啡因咖啡的朋友。）結果是：她繼續很有信心地在亞馬遜訂購咖啡，不只咖啡，她在亞馬遜網站購買很多東西。

當顧客覺得被了解且受重視，他們更可能繼續向你購買更多。亞馬遜的文化之一，是客服人員被授權解決許多問題，毋須向督導請示或取得核准。

同理，亞馬遜期望其第三方商家也以顧客為念，事實上，該公司提供獎勵誘因，鼓勵在其平台上的第三方商家以相同於亞馬遜的方式照顧顧客。例如，亞馬遜發函通知第三方商家，二〇一九年八月一日起，在亞馬遜平台上銷售、且由亞馬遜出貨的產品（特定豁免產品除外），必須符合「不惱人包裝」（Frustration-Free Packaging），並且祭出獎金給在二〇一九年七月三十一日前完成更換包裝並通過測試與認證的商家，以補貼轉換成本。二〇一九年八月一日起，不符合此包裝新規的商家，每件包裹將對商家索取懲罰性收費。亞馬遜使用「不惱人包裝」政策及獎勵措施，為第三方商家改變競爭態勢。

在一些情況下，亞馬遜要求第三方商家採行以顧客為中心的政策，否則可能被踢出亞馬遜平台。顧客給予差評、且一直未改進的商家，亞馬遜會快速暫停其營業，或是將其剔除。亞馬遜市集的第三方商家必須了解亞馬遜以顧客為念的心態，才能在亞馬遜平台上成功營運。

不斷思考顧客為何不跟你做生意

亞馬遜做每件事情時採行的另一信條是，思考這個問題：什麼原因導致顧客不跟我們做生意？

早年最明顯的例子就是支付運費這道障礙，運費導致很多人不願意到亞馬遜網站購物。觸摸與感覺產品是另一種障礙，線上購物無法觸摸與感覺產品，許多消費者不習慣這一點。

因此，貝佐斯和亞馬遜怎麼辦呢？他們採取了一些做法。他們為顧客提供多種免運費及不那麼「痛苦」的線上購物方法，他們也首先聚焦於書籍（不那麼需要「觸摸」與感覺的產品），提供試閱、詳細資料、編輯書評、讀者書評，以幫助人們購買合適的書籍。他們也把退貨變得更簡單容易，以幫助克服退貨麻煩這道障礙。

這些措施把不滿意風險從顧客身上轉移給亞馬遜，利用的是亞馬遜的最大價值主張——他們的顧客體驗三支柱：低價、最佳選擇，以及快速便利的遞送。

自動化系統的功效

我們建立自動化系統，尋找所提供的顧客體驗未達標準的情況，發現這種情況時，這些系統主動退款給顧客。

——二〇一二年貝佐斯致股東信

二〇一二年十二月，《商業內幕》共同創辦人暨發行人亨利．布洛傑撰寫一篇文章，敘述亞馬遜的自動化系統帶給他的主動服務體驗。他因為正在撰寫一篇關於如何使用電影中的一些簡單商業啟示以拯救美國經濟的文章，因此在亞馬遜網站上租看《北非諜影》（*Casablanca*）這部老片，他並不想從頭到尾觀看整部影片，他的觀看方式是時而暫停，倒帶，快進，觀看他要擷取分析的重點部分。跟當時的許多串流影片播放器一樣，經常卡住，這迫使他必須再倒帶，重新來一次。

這種情形雖惱人，但並不意外，二〇一二年時，串流影片技術還相當稚嫩，問題可能出在播放器，可能是他的上網速度，也可能是亞馬遜這端的問題。布洛傑寫道：「所以，想像今天早上收到亞馬遜寄來的這封電子郵件時，我有多麼驚訝。」

> 哈囉，
>
> 我們注意到您在亞馬遜隨選視訊上觀看以下這支影片時，歷經糟糕的播放體驗：《北非諜影》。造成您的不便，我們深感抱歉，已經為您辦理退費金額：二．九九美元……我們期待您很快再度光臨。
>
> 亞馬遜隨選視訊團隊

「亞馬遜『注意到我經歷糟糕的播放體驗』？他們因此決定退費給我？哇！」布洛傑在這篇標題為〈最近的例子揭示何以亞馬遜是世上最成功的公司之一〉（Just the Latest Example of Why Amazon Is One of the Most Successful Companies in the World）的文章中寫道。他解釋：「亞馬遜執著於使其顧客滿意開心，不同於許多其他公司，亞馬遜總是馬上捨棄短期獲利，以換取建立長期顧客忠誠度的機會。」[13]

這個故事例示多條成長法則的聚合，包括以顧客為念、長期思維，以及堅持高標準。這些法則驅動建立一套自動化系統，監視與顧客互動的品質，自動做出反應。

超越期望

二〇一二年貝佐斯致股東信的最後一句話特別引起我的注意：「想要引起顧客讚嘆：『哇』的欲望，促使我們保持快速的創新步調。」

以顧客為念的那種執著，並非只是服務顧客而已，而是一直致力於超越標準——做到那種令貝佐斯感到開心的極致。為顧客而發明，改善顧客體驗，使顧客因為獲得的體驗超出他們的期望而發出「哇」的讚嘆，這就是我所謂的「以顧客為念」。

作家也是我們的顧客，亞馬遜出版事業不久前宣布，將開始每月結算作者當月賺得的版權費，於六十天後支付給作者。業界的標準是一年支付版權費兩次，這標準已經持續了很長一段時間，可是，我們訪談身為顧客的作家們時發現，這種低頻率付款模式是他們最不滿的層面之一，想像你若一年領兩次薪水，你會喜歡嗎？並不是競爭壓力迫使我們付款給作者的頻率高於半年一次，是我們主動這麼做。

自七年前推出AWS後，至今我們已經調降價格二十七次，增加企業服務支援項目，推出創新工具，以幫助顧客提升效率。「AWS可靠顧問」（AWS Trusted Advisor）應用程式監控顧客的AWS結構和運作狀態，把它們拿來和已知的最佳實務相較，然後通知顧客，存在哪些改進效能、提升安全性或省錢的機會。是的，我們主動告訴顧客，他們付給我們的費用中有一些是不必要的，可以節省下來。過去九十天，「AWS可靠顧問」這應用程式已經為顧客節省了數百萬美元成本，而這項服務才剛推出不久。

這一切是在AWS被廣泛視為這個領域的領先者的背景之下取得的進展，通常，在居於領先地位之下，人們可能會擔心缺乏外在刺激力量去激發進步，但另一方面，內在動機——想要引起顧客讚嘆：「哇」的欲望——促使我們保持快速的創新步調。

——二〇一二年貝佐斯致股東信

想一想你能怎麼應用

以顧客為念

思考問題 1：現在，坐下來，寫出你的典型好顧客的素描。他的三到四項主要特質是什麼？你可以幫助他解決的最大問題是什麼？

思考問題 2：你現在可以做什麼來改善此顧客跟你往來的體驗？

思考問題 3：挑戰你的團隊，要求他們每星期提出一個為你的顧客提供超優服務的新點子，先別管實踐這點子需要花費的成本。

請上「TheBezosLetters.com」，取得更多資源。

5　法則 5：採取長期思維

我們相信，成功的一個基本衡量指標是我們長期創造的股東價值。

——一九九七年貝佐斯致股東信

我們致力於為顧客建造重要、有價值的東西，是我們可以驕傲地向孫輩述說的東西。

——一九九七年貝佐斯致股東信

一九八九年，離進入二十一世紀只剩下十一年，發明家暨電腦科學家丹尼．希里斯（Danny Hillis）已經厭煩了人們談論二〇〇〇年的方式。整個童年，他聽到無數人使用「二〇〇〇年」做為代表未來的一個指標，他回想過去三十年間，人們談論二〇〇〇年的到來，但沒人談到二〇〇〇年之後的任何事。[14]

當時，雖然很多人可能不太注意到人們經常把二〇〇〇年掛在嘴邊，但希里斯注意到了，他說：「大家都在談論到了二〇〇〇年會如何，就是沒人提到一個未來的日期，我這輩子，未來被年年縮短一年。」

舉世都聚焦於二〇〇〇年本身，以及從一九九九年邁入二〇〇〇年（又稱「Y2K」）時，若電腦出現錯亂停擺的可能後果，但事實上，全球覺察出千禧蟲問題後，就修改電腦程式，避開了此問題（雖然，很多情況下，這修改並不簡單）。

但希里斯覺得應該促使人們思考二〇〇〇年之後，他認為，大家都只談論二〇〇〇年，彷彿二〇〇〇年就代表了未來，二〇〇〇年就是未來的極限，他形容二〇〇〇年是：「不斷縮短的未來的一個心理障礙」。因此，他打造一座「萬年鐘」（10,000 Year Clock）。

這萬年鐘是：「以太陽能及造訪它的人們提供的動能做為動力的機械鐘」，[15]顧名思義，其設計是要以最少的維修和干預，運行一萬年。全尺寸的萬年鐘已經完成設計、工程與零組件製造，目前正在德州西部的山上進行安裝作業。

不同於絕大多數時鐘的秒針一秒滴答一次，這座萬年鐘的秒針一年滴答一次，它有一支每一百年走一格的世紀指針，還有一隻每一千年才出現一次的布穀鳥。多數人在世時不太可能看到它的世紀指針走一格。

由希里斯共同創辦的長遠看現在基金會（The Long Now Foundation）在其網站上解釋為何打造此萬年鐘：「為何會有人在山裡建造一座希望能夠運轉一萬年的鐘？部分答案是：就是要讓人們提出這個疑問，然後促使他們聯想有關於世代和千禧年的概念。若有一座運轉萬年的鐘，它會使你聯想起哪些世代規模的疑問與計畫呢？若一座時鐘能夠持續運轉萬年，難道我們不應該確保我們的文明也能持續萬年嗎？若我們死後很久，這時鐘都還繼續轉動著，何不嘗試其他需要很多世代才能完成的計畫呢？更崇高的疑問是，誠如病毒學家喬納斯・沙克（Jonas Salk）曾提出的：『我們是好祖先嗎？』」

希里斯說：「我無法想像未來，但我關心未來。我知道我是一個故事中的一分子，這個故事遠在我沒記憶之時就已經開始，在世上已經無人記得我的久遠未來，仍將持續著。我認知到我生活於一個重要變革時代，我覺得我有責任確保這變革發展得很好。我種下我的橡子，知道我有生之年不會收穫橡樹。」[16]

成為你的企業的未來業主及員工的「好祖先」

在季獲利及每月營收目標的巨大壓力下，公司很容易深受其迷你版的短期危機之害。多數企業的經營都是如此，若一個短期績效指標低於某個水準，其信用額度就會被縮減；若是上市公司，每股盈餘未達華爾街的季期望，哪怕只是低於期望一美分，也可能導致該公司的股價重跌。

衡量短期與長期進展，這固然是可以理解，但我們也應該思考，每月業績配額或季獲利之類的人為績效目標，是否對我們的事業經營方式施加了太大影響。

萬年鐘和貝佐斯或亞馬遜有何關係呢？

貝佐斯也堪稱是長期思維大師。第一個全尺寸版本的萬年鐘擺放在貝佐斯擁有的一處德州地產上，他為萬年鐘的打造與安裝投資了四千二百萬美元，根據長遠看現在基金會網站上所述，他也積極參與設計這個萬年鐘的全體驗。

不過，這萬年鐘並不是一個錢多到無處可花的傢伙出資贊助的某項虛華計畫。貝佐斯在二〇一一年接受《連線》（*Wired*）雜誌資深編輯迪倫．特溫尼（Dylan Tweney）訪談，該訪談文中寫道：「對亞馬遜創辦人貝佐斯而言，這萬年鐘並非只是一座極著名的時鐘，它象徵長期思維的力量。他希望這座萬年鐘將改變人類對時間的思考方式，鼓勵久遠的後代繼承者比我們採取更長遠的觀點。首先，貝佐斯本人就比多數的財星五百大企業執行長採取遠遠更長期的思維與觀點。」[17]

貝佐斯向特溫尼解釋：

在這座時鐘的壽命期間內，美國將走入歷史，整個文明將興衰起落，新的政府制度將問世，你無法想像、任何人都無法想像這座時鐘將歷經的世界。

對身處商界的我們來說，這萬年鐘不只是一樁趣聞、工程與斥資四千二百萬美元的熱情計畫，這項計畫的目的在促使我們思考，自身的企業經營方式是否讓我們在生理時鐘停止運轉的長久以後，被未來的股東和員工視為好祖先。

我不禁思忖，企業主可以如何採行一些相同的長期思維法則。所幸，貝佐斯在其致股東信中提供了一些答案及觀點，尤其是一九九八年時撰寫、回顧一九九七年的第一封致股東信。

長期思維與致股東信

貝佐斯致股東信中充滿他偏重長期思維的理念，致力於為亞馬遜的投資人創造長期價值，甚至不惜為此犧牲公司的短期利益。

例如，在一九九七年致股東信中，他用一整節闡釋以長期思維來衡量成功的基本含義。在「全都是為了長期」這一節，貝佐斯強調，亞馬遜成功與否的一個基本衡量指標應該是該公司創造的長期股東價值。換言之，投資人可能看每季的企業獲利報告，但在貝佐斯看來，這些是次要的，他把遠遠更多的時間和注意力聚焦於長期。

思考長期是貝佐斯的核心信條，自亞馬遜創立伊始，他就在公司內部灌輸這種心態與文化，而且堅持至今。他不僅在亞馬遜仍然幼小、尋求吸引資本投入的一九九七年談論長期思維，從歷年的致股東信和亞馬遜現今的謀略與營運可以看出，亞馬遜對長期思維的側重比當年有過之而無不及。

與華爾街逆勢而行：亞馬遜為蘋果樹立榜樣

華爾街向來聚焦於公司的季獲利，亞馬遜可能是極少數幾家反此潮流而逆行、聚焦於長期願景及目標的公司之一，但是，投資界聚焦於季獲利，為公司帶來的壓力依然強大。貝佐斯打從一開始就採取長期心態，蘋果公司也嘗試改變為長期心態，不過，像貝佐斯這樣，從一開始就採取長期心態，遠比半途才嘗試改變為長期心態要容易得多了。話雖如此，貝佐斯的例子證明，側重長期的方法是行得通的。

舉例而言，二〇一八年十二月三日刊登於《華爾街日報》的專欄文章〈公司仍難思考長期〉（For Companies, It Can Be Hard to Think Long Term）中，約翰・史托爾（John Stoll）寫道：「企業得做出一個艱難抉擇：他們想實行可能需要多年後才能看到報酬的策略，但華爾街並非總是對此做出太仁慈的回應。」史托爾舉例，當蘋果公司宣布該公司將「不再報告個別產品線的每季銷售數據，因為麥金塔電腦或 iPhone 的九十天銷售績效並不能代表產品線的基本強度」時，投資人的反應很殘酷。[18]

蘋果公司決定反華爾街執著於季績效數字的潮流而逆行時，投資人如何反應呢？該公司做出前述宣布的當天——二〇一八年十一月二日，蘋果的股價下跌六・六%，公司市值蒸發七一一・九億美元。

欲知這下滑有多嚴重，這裡提供一個比較：蘋果公司光是這一單日蒸發的市值，比二〇一八年九月三十日百健生技公司（Biogen Idec, Inc.）的市值（七一一・七億美元）、卡夫亨氏食品公司（Kraft Heinz Co.）的市值（六七一・八億美元）、嘉信理財（Charles Schwab Corp.）的市值（六六四億美元）、聯邦快遞的市值（六三四・五億美元），以及其他數家標準普爾五百指數（S&P 500）公司的市值還要大。[19]

換言之，這些公司當中的任何一家可能在那一天從地球上消失，但這對標準普爾五百指數的衝擊，仍然比不上蘋果公司決定聚焦於長期、不再報告個別產品線每季銷售數據的決策帶來的衝擊。史托爾稱蘋果公司的這個決策是：「華爾街的短期與長期思維對決中的最新波瀾」。

華爾街就是不喜歡長期思維，但貝佐斯喜歡，喜歡到什麼程度呢？他樹立起對亞馬遜抱持長期思維的期望，並且在過程中成功地成為極少數打從一開始就不理會每季股價及獲利的公司之一，即便是在景氣艱難期間，例如亞馬遜被稱為「Amazon.bomb」及「Amazon.toast」的網路公司泡沫破滅時期（當年的那些貶低者，現在大概重新思考他們對亞馬遜的觀點了吧）。

亞馬遜也願意反潮流，犧牲今年的獲利，投資於長期的顧客忠誠度和產品機會，以創造明年及未來的更大獲利。

長期思維使亞馬遜能夠聚焦於真正重要的指標，以亞馬遜的情況來說，這些指標是顧客及營收成長。亞馬遜針對改善顧客體驗，提高重複購買率及公司品牌強度來投資。

貝佐斯甚至懇求潛在投資人，若他們的投資理念與長期思維不一致，就別投資亞馬遜。他在一九九七年致股東信中就這麼做了，當時，絕大多數新創公司都乞求投資人的青睞，貝佐斯與眾不同，對他來講，吸引投資人不若聚焦長期來得重要，他在信中寫道：

> ……我們想在此和股東們分享我們的基本管理與決策方法，讓股東們確認這是否符合你們的投資理念。

這種心態與華爾街對上市公司的傳統期望背道而馳，貝佐斯毫不在意，他仍然聚焦事業的長期成長，勝過短期的下一季獲利。

縱使世界酬答短期思維，仍然堅持思考長期

那些已經習慣於短期思維的公司，要他們轉變成長期思維，可能相當痛苦，若你的公司是上市公司，你可能會遭受相似於蘋果公司的遭遇，被投資人背棄，股價下滑。但是，你愈快開始這種轉變（且從愈小的規模做起），就愈快擺脫每個月月底的業績配額，或是必須向投資人和分析師報告季績效數字所帶來的內部壓力。

蘋果公司就是一個很好的例子，該公司宣布將不再報告個別產品線的每季銷售，理由是這數字並非每項產品強健度的正確指標。我懷疑，多年來，蘋果公司盡忠地遵循華爾街的期望，報告每季銷售數字，但他們私下深知這並不是一個正確指標。這麼做浪費了時間和精力，你若還想詢問他們，根本沒必要。想像蘋果公司裡最了解其事業的人相信，這個指標根本無關緊要，但它的市值卻因為這個指標而劇烈波動，該公司會有多麼沮喪與困擾。

如前所述，保持聚焦於長期，對亞馬遜而言也不總是容易的事。二〇〇〇年，貝佐斯寫了一封非常誠實的致股東信，內容再次反映他堅定聚焦於長期思維。

致全體股東：

哎，對資本市場的許多人來說，這是殘酷的一年，當然，對亞馬遜的股東而言，也是如此。

截至撰寫此信之時，我們的股價已經比我去年撰寫致股東信時下跌了超過八〇%。然而，從近乎任何指標來看，亞馬遜這家公司現在的境況都比過去任何時候還要強健。

- 二〇〇〇年時，我們服務的顧客達到了二千萬，高於一九九九年時的一千四百萬。
- 營收從一九九九年的十六．四億美元成長至二〇〇〇年的二十七．六億美元。
- 預估營業虧損率從一九九九年第四季的二六%（虧損／營收）降低至二〇〇〇年第四季的六%。
- 預估美國市場的營業虧損率從一九九九年第四季的二四%（虧損／營收）降低至二〇〇〇年第四季的二%。

■二〇〇〇年平均每位顧客的消費額為一百三十四美元，比一九九九年增加一九%。

■毛利潤從一九九九年的二．九一億美元增加至二〇〇〇年的六．五六億美元，成長了一二五%。

■二〇〇〇年第四季，我們的美國顧客中有近三六%向我們的「非書籍、音樂、影片類商店（non-BMV stores）」——例如電子產品、工具、廚房產品等類別的商店——購買。

■國際市場營收額從一九九九年的一．六八億美元成長至二〇〇〇年的三．八一億美元。

■二〇〇〇年第四季，我們幫助事業夥伴線上玩具反斗城（Toysrus.com）銷售超過一．二五億美元的玩具與電玩遊戲。

■由於二〇〇〇年初發行歐元可轉換公司債，二〇〇〇年年終時，我們持有十一億美元的現金及有價證券，高於一九九九年年終時的七．〇六億美元。

■最重要的是，我們的全心全意聚焦於顧客，使我們在美國顧客滿意度指數（American Customer Satisfaction Index）中獲得八十四分，據說，這是有史以來，任何產業中的服務型公司獲得的最高分。

所以，若亞馬遜公司現在的境況比一年前更好，為何其股價會遠低於一年前呢？誠如著名投資人班傑明．葛拉漢（Benjamin Graham）所言：「短期而言，股市是一部投票機；長期而言，股市是秤重機。」顯然，一九九九年這一年，投票的股市投資人很多，秤重的投資人遠遠較少。我們是一家想被秤重的公司，假以時日，我們將被秤重；長期而言，所有公司都將被秤重。在此同時，我們將埋頭苦幹，致力於建造一家愈來愈重的公司。

貝佐斯的長期思維管理與決策方法

現在，請想像甩掉短期思維的負擔，可以自由地聚焦於長期；想想秒針一年滴答一次的萬年鐘。你可以在你的公司做出什麼決定，使它在三年後、七年後，或一百年後變得比現在更強壯？

多數人無法想像建造一個能長存萬年的東西，但是，做這件事的挑戰將改變我們的思維。一九九七年致股東信中詳述了貝佐斯本諸長期思維的管理與決策方法：

- 我們將繼續堅定聚焦於我們的顧客。
- 我們將繼續根據長期市場領先地位的考量來做投資決策，而不是考量短期獲利或短期的華爾街反應。
- 我們將繼續分析評量我們的計畫和投資成效，中止那些未能提供報酬尚可的計畫，擴大投資表現最佳的計畫。我們將持續從失敗與成功中學習。
- 看到有足夠可能性取得市場領先優勢的機會，我們將不畏首畏尾，大膽投資。這些投資中，有些將成功，其他將不成功，但不論成功與否，我們都能從中學到寶貴啟示。
- 當被迫在公認會計準則（GAAP）財務報表的美觀和未來現金流量的現值最大化這兩者之間選擇時，我們將總是選擇後者。
- 當我們在競爭壓力容許的程度下大膽選擇時，我們將把策略思考流程告知你們，讓你們可以自行評斷我們是否為公司的長期市場領導地位做出了理性投資。

■我們將致力於明智地花錢，並且保持我們的精實文化。我們了解持續加強成本意識文化的重要性，尤其是一個仍然處於淨虧損狀態的事業。

■我們將在聚焦於側重長期獲利力的成長和資本管理這兩者之間保持平衡，但現階段，我們選擇把成長擺在優先，因為我們相信，規模是實現商業模式潛力的核心要素。

■我們將繼續聚焦於招募及留住多才多藝且能幹的員工，繼續讓他們的薪酬結構偏重股票選擇權，而非現金。我們知道，成功主要取決於能否吸引及留住有幹勁的員工群，每位員工必須像業主般思考，因此，必須讓他們實際上成為業主。

三十多年來，我為無數公司提供諮詢服務，我認為，貝佐斯的這些思想可應用於任何種類的大大小小企業，充其量只需根據個別企業的特殊境況，稍微調整。這些核心法則可應用於任何公司，對於希望事業像亞馬遜那樣成長的公司來說，這些是隱藏於顯見之處的成長訣竅。

想一想你能怎麼應用

採取長期思維

思考問題1：你的公司是否有長期（及更長期）的財務目標和策略目標清單？

思考問題2：你的公司是否只根據每季、甚或每年的績效來評量與獎酬人員，沒有獎酬那些必須長期才能看到收穫的行動？

思考問題3：你可以如何改變短期獎酬，以鼓勵長期思維？

請上「TheBezosLetters.com」，取得更多資源。

6 法則6：了解你的飛輪

我們已經投資、也將繼續積極投資於擴大及利用我們的顧客群、品牌與基礎設施，致力於建造一個屹立長久的經銷事業。

——一九九七年貝佐斯致股東信

亞馬遜市集對顧客大有益，因為它增加獨特的選擇；它對賣家大有益——在亞馬遜市集，有超過七萬名創業者的年營收超過十萬美元，他們已經創造超過六十萬個新工作。有了亞馬遜物流

（FBA），**飛輪轉得更快**了，因為賣家的品項變成「可享尊榮會員服務的品項」（Prime-eligible），這些品項對會員變得更有價值，賣家可以銷售得更多。

——二〇一五年貝佐斯致股東信

詹姆斯・柯林斯在其暢銷書《從A到A＋》中，使用「飛輪」這個機械裝置來說明為何有些公司卓越，而其他公司做不到，這個類比使用機械飛輪的物理原理，來描繪那些卓越的公司如何建立與維持動能。

作家傑夫・海登（Jeff Haden）在《公司》（*Inc.*）雜誌撰文談論柯林斯的這個「飛輪」比喻時寫道：「飛輪的原理很簡單，飛輪是非常重的輪子，需要巨大的力量推動。持續推動，飛輪就會建立動能。持續推動，最終，飛輪開始自助運轉，自己產生動能，此時，一家公司從優秀邁入卓越。」[20]

大型建築物的旋轉門是一個極簡明的飛輪例子，當你進入一扇靜止的旋轉門，可能得花上很大力氣推動它，小孩及較矮小的成人有時得用盡他們的體重去推，才能使旋轉門開始轉動。可是，一旦動起來，就產生動能，通常，就連小孩也只需用少許力氣就能保持旋轉門轉動，所以，常有小孩推著旋轉門轉圈圈玩兒。

這也是柯林斯的飛輪原理，其核心也是這種動力。在企業裡，把你的「飛輪」想成有輻條的輪子，每一根輻條增加力道以轉動飛輪，它代表把你的事業推往你希望的方向的一項重要事業活動。當你做更多這些活動，力量施在你的飛輪上，它最終開始運轉，為你的公司建立動能，使它更難以停下。

飛輪概念的精髓在於公司首先必須了解他們想前往什麼方向，接著，必須了解什麼活動與其目標連動非常契合，可以成為同一個飛輪上的輻條。要成為同一個飛輪上的輻條，這些活動必須全都朝同一方向推進。

舉例而言，在個人的飛輪上，節食及運動可能是減重飛輪上的兩根輻條，你節食及運動得愈多，你的減重飛輪轉動得愈快，你的減重過程累積的動能愈多，你較容易持續減重。

在你的飛輪架構中建立你的事業，可以鼓勵公司思考長期，用較大的飛輪目標來過濾事業活動，否則，你可能浪費時間與精力在也許短期獲利、但無助於建立或保持核心動能的活動上。

柯林斯於二〇〇一年出版《從A到A+》一書後不久，貝佐斯邀請柯林斯至亞馬遜，幫助他了解亞馬遜的飛輪，辨識能夠幫助其飛輪轉動的事業活動。附圖描繪亞馬遜的飛

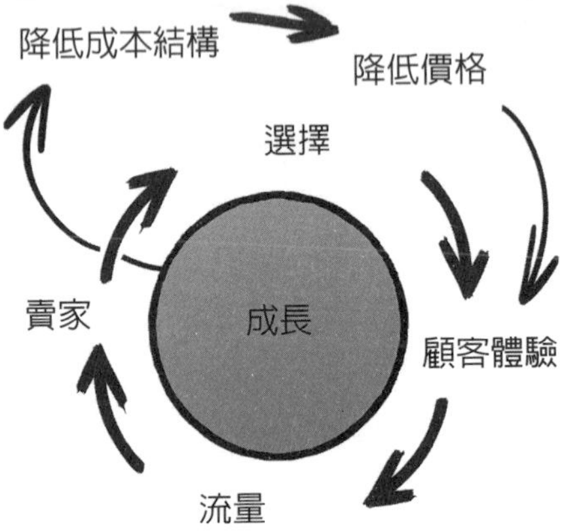

輪。

如圖所示，亞馬遜辨識其首要目標為成長，把它擺在飛輪的中央位置，飛輪周圍的六項活動是轉動飛輪的力量。換言之，若亞馬遜持續改進這六個領域，它即能對飛輪持續施力（至於始於何處，不要緊）：

1. 提供更多選擇及便利性
2. 顧客體驗
3. 亞馬遜網站的流量
4. 賣家數量
5. 降低成本結構
6. 降低價格

這原始草圖顯示，降低價格引來更多顧客

造訪，更多的顧客提高銷售量，進而吸引更多支付佣金給亞馬遜的第三方賣家進駐，使亞馬遜得以用物流中心及運轉網站的伺服器等固定成本爭取更多營收及獲利，使亞馬遜能夠進一步降低價格。把這飛輪上的任何一個部分運轉得更快，將帶動整個迴路轉動得更快，亦即亞馬遜的事業成長得更快。

飛輪又稱為「良性循環」——一連串的活動，透過一個迴路，自我強化。亞馬遜的飛輪定義需要哪些投入要素來加速成長，這飛輪幾乎至今保持不變。

了解你的飛輪，可以讓公司建立動能，並且阻止分心，亞馬遜就是一個顯著例子，就連二〇一七年收購全食超市，也吻合亞馬遜的飛輪。亞馬遜的財務長布萊恩・歐爾塞沃斯基（Brian Olsavsky）在一場亞馬遜收益電傳會議（Amazon earnings call）上，如此解釋收購全食超市的行動：

「我們在全食超市身上看到很大的機會，如同我早前說過的，亞馬遜尊榮速達（Prime Now）、亞馬遜生鮮（AmazonFresh）、全食超市、亞馬遜網站上的全食超市產品、全食超市商店裡的亞馬遜寄物櫃（Amazon Lockers），這些業務及服務之間將有很多合作。因此，未來將有很多的整合，很多的接觸點，很多的合作。我們認為，我們也將發展新的商店形式，以及在收購全食超市之前就已經談到的其他新發展：亞馬遜實體書店、亞馬遜無人商店，以及這些技術帶來的機會。我們已經有亞馬遜校園書店。

「我們正在實驗很多的形式，我認為全食超市在這方面提供了一個非常大的起步優勢和一個優異的基礎。而且，我們還得以和全食超市的優異團隊共事，他們有悠久歷史，有大約十到二十年的學習經驗是我們所沒有的。所以，我們對此感到很振奮，我認為，雙方合作將可以提供各自的長處，造福顧客。」[21]

我們毋須太費力就能看出收購全食超市如何為亞馬遜增添力量，把它的成長飛輪轉動得更快。歐爾塞沃斯基明確指出，亞馬遜認為收購全食超市能夠為亞馬遜網站增加品項選擇，亞馬遜可以在全食超市商店設置寄物櫃，為那些不想讓貨品擺放在他們住家門口的人提供更好的遞送體驗。亞馬遜收購並接管全食超市後，也降低它的產品售價（此前，全食超市因為產品售價較高而贏得「Whole Paycheck」的綽號。

看待飛輪的另一種方式是，飛輪可以做為「決策槓桿」，為你提供過濾器，用以評估該如何把你的資源聚焦於何處。以亞馬遜的飛輪為例，若有人在該公司提案一項賺錢的活動，它首先必須問，這個機會是否有助於改善其成長飛輪上六個領域當中的一個或多個領域。若能，這機會就值得進一步評估；若不能，這機會將只會導致分心。

雖然，從機械觀點來看飛輪的概念，我們可能得溫習高中的物理學，但在商界，這概念相當簡單：了解你的飛輪可幫助你把時間和心力聚焦於那些能夠幫你建立動能以前往目標方向的活動上。你的飛輪上的活動與其目標連動愈是契合，你建立的自我強化迴路愈強健，你的每個行動的動能愈大，朝往目標的速度愈快。此時就是柯林斯所謂的公司真正起飛，從優秀邁入卓越。

如何把尊榮會員的益處設計成幫助轉動亞馬遜的飛輪

亞馬遜建立並利用其事業活動來轉動其成長飛輪的另一個例子，是尊榮會員服務，它一開始很簡單，現在已經成長到包含亞馬遜飛輪上的多根輻條。

從飛輪的角度回顧，亞馬遜在二〇〇四年推出尊榮會員無限制的免運費快速遞送服務，當時，貝佐斯一再被告知，這很危險，但他知道，這可以提供更好的顧客體驗，吸引更多流量，增加更多便利性，這是其成長飛輪上的三個部分。

這是一項大投資，但亞馬遜已經從先前的「超省錢免運費服務」看到了正面結果，知道收取一小筆會員費，提供更便利的遞送，可以創造更多動能。貝佐斯在二〇一四年致股東信中指出，一名分析師預測，若亞馬遜達到規模，將能顯著降低它的快速遞送成本。

亞馬遜的這個豪賭獲得回報，它專門為長期成長而設計的飛輪轉動得愈來愈快，伴隨而來的，是它為尊榮會員增加服務項目的能力也成長，因此陸續增加音樂、串流影片、相片儲存、借閱 Kindle 電子書等等服務。

> 從尊榮會員的觀點來看，每當有個賣家加入使用亞馬遜物流服務，尊榮會員就獲得更多的「可享尊榮會員服務的品項」，會員價值提升，這對我們的飛輪是一大助力。亞馬遜物流圓滿了這迴圈：亞馬遜市集對尊榮會員服務注入能量，尊榮會員服務又回過頭來為亞馬遜市集注入能量。
>
> ——二〇一四年貝佐斯致股東信

換言之，原始的尊榮會員服務幫助亞馬遜成長，這成長幫助亞馬遜為尊榮會員增加更多服務項目，這些服務項目又為會員增進便利性、選擇、顧客體驗與其他益處。這幫助亞馬遜的成長飛輪轉動得愈來愈快，為亞馬遜及其顧客創造出一個不斷增強益處的迴路。

如何了解你的飛輪

為建造你的飛輪，請閱讀柯林斯的著作《從A到A+》，以及二〇一九年初出版的專書（前作的伴讀手冊）《轉動飛輪》（*Turing the Flywheel*）。

柯林斯在他的網站上介紹這本伴讀手冊時，請讀者藉由思考下列問題來辨識他們的飛輪：[22]

- 你的飛輪如何轉動？
- 你的飛輪上有什麼組件？
- 你的飛輪組件連動順序為何？

你的飛輪看起來大概不同於亞馬遜的飛輪，但飛輪的概念適用於每個組織。舉例而言，一個奢侈品供應商的飛輪上可能不會有「降低價格」這根輻條，它的飛輪上可能有「提高優質材料採購力」這根輻條，因為這是提高其事業獲利力的一個要素。因此，你必須辨識對你的組織事業具有重要影響的項目。

在建立你的飛輪時，切記，為使你的飛輪奏效，你必須為你的事業訂定一個明確目標。亞馬遜的飛輪旨在幫助它成長，若你的飛輪也是為了促進成長，想想看，什麼能使你的飛輪轉動？核心組件是什麼？它們是否順序連動，結合起來，形成一個強化的迴路？

飛輪的概念能夠為任何產業的任何企業提供釐清及驅動策略，它幫助組織了解該冒什麼風險，把握什麼機會，以及別涉入什麼。切記，使用你的飛輪來過濾你的決策時，把你的資源聚焦於做那些能夠轉動你的飛輪以朝向你的事業目標邁進的活動，你將像亞馬遜那樣獲得動能與成長。

想一想你能怎麼應用

了解你的飛輪

思考問題 1：你公司飛輪的中心是什麼？

思考問題 2：哪些重要驅動力或活動轉動了你的飛輪？

思考問題 3：這些驅動力如何彼此強化，使你的飛輪轉動得更快？

請上「TheBezosLetters.com」，取得更多資源。

成長循環：加速

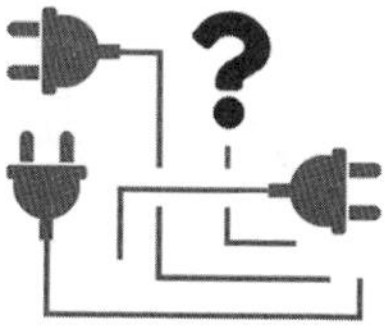

產生高速決策

化繁為簡

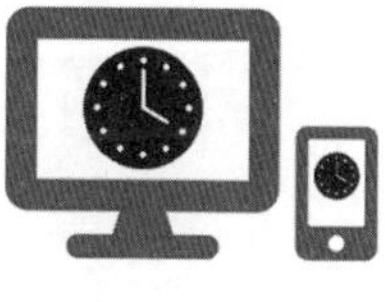

用技術來加快時間

倡導業主精神

對亞馬遜來說，加速指的是把已經過測試與建造的東西予以增強，用超快速度為你的成長充電。這涉及盡快做出決策，用已經檢驗過的聚焦行動方案來推進。

為加速成長，你必須把你能夠簡化的所有東西予以簡化，把行動方案和市場之間的任何摩擦點去除，並且創意地使用技術來加快行動。

當你已經冒策略性風險，獲得支持前進的解答（不論是硬體、軟體、產品、事業擴張等等），你就可以利用技術來擴大你的努力。

此外，為獲致最成功的結果，每個行動方案必須有一支熱情團隊。加速流程使亞馬遜成為一家步調極快、高度機動的公司。

7 法則 7：產生高速決策

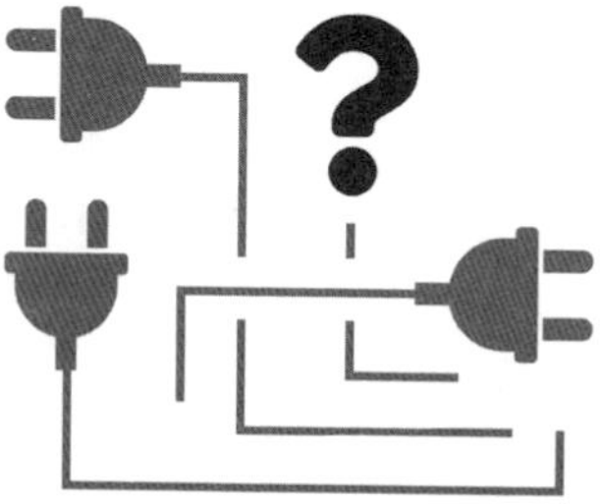

亞馬遜的高階團隊決心讓公司保持高速決策，在商界，速度很重要，再者，高速決策環境也更有趣。

——二〇一六年貝佐斯致股東信

雖然，我從未見過貝佐斯，我想，我可以很有把握地說，他痛恨浪費時間。

許多企業非常浪費時間的領域之一是做決策，通常，公司規模愈大，做決策（包括沒那麼重要的決策）

花費的時間愈長。

貝佐斯知道，想要決策流程變得更有效率，既需要理念，也需要方法。歷經測試與建造階段後，一個事業已經準備就緒，可以加速了。但是，貝佐斯指出，若人員未能把決策做好，成長可能熄火，或是出軌。他在二〇一五年致股東信中闡述他對於做決策的觀察與心得：

就連高效能的大型組織也可能落入一些細微難察的陷阱，我們的組織必須學習如何避開這些陷阱。大型組織常落入的陷阱之一是「一體適用」的決策流程，這會傷害速度及創造力。

一些決策後果影響重大，無法逆轉或近乎無法逆轉，它們是回不了頭的單向門，做這些決策時，必須有條不紊、謹慎、徐緩、深思熟慮、多方諮詢，一旦通過了這單向門，你不喜歡在那頭看到的東西，你也無法返回原處了。我們可以把這些稱為「第一類決策」。

但是，多數決策不是這種類型，它們是可以改變、可以逆轉的，它們是雙向門。若你做出非最理想的第二類決策，你不需要與後果共處那麼久，你可以再開啟那扇門，回到原處。第二類決策可以、也應該由具有優秀判斷力的個人或小團隊快速做出。

組織變得更大時，似乎傾向對多數決策（包括許多第二類決策）採行重量級的第一類決策流程，其結果是遲緩、不假思索地趨避風險，未能進行足夠的實驗，因而導致創造力降低。

貝佐斯的決策方法始於認知到不應該以相同態度及流程對待所有決策，這麼做將浪費時間，增加意想不到的風險。想要做到高速決策，使你的風險報酬最大化，第一步是知道你面臨的是哪一類決策。

在現今快步調的經濟中，企業可沒有像早年、甚至幾年前那樣「慢慢來」地做決策的餘裕。陷阱已經存在：公司要不就是變得癱瘓而未能做出決策，要不就是急躁地做出重大決策，暴露於不必要的風險中。

貝佐斯解決這問題的方法是闡明兩類決策：

1. 第一類決策是有顯著後果且回不了頭的重大決策。

2. 第二類決策是可以改變或逆轉、不會導致世界末日的決策。

貝佐斯知道，多數失敗不會致命，多數決策不是無法逆轉的。因此，他鼓勵員工快速做決策，認知到多數決策其實是第二類決策。他在二〇一六年致股東信中寫道：

我們不知道所有答案，但以下是我們的一些見解。

第一，絕對不要使用一個一體適用的決策流程。許多決策是可以逆轉的，是雙向門，這些決策可以使用輕量級流程。這些決策，就算你錯了，有什麼大不了？

第二，多數決策應該在你已經取得所希望取得的資訊的七成左右時就做出，若你等待取得九成資訊後才做出決策，就多數情況來說，可能就太慢了。況且，不論是在取得七成或九成資訊下做出決策，你都必須善於快速認知到你做了壞決策，並且快速修正。若你善於中途修正，做出錯誤決策的代價可能比你想像的來得輕，但遲緩於做出決策的代價必然高。

第三，使用「不贊同，但執行」（disagree and commit），這句話將節省很多時間。若你深信一個方向，縱使未能獲得共識，你可以說：「我知道我們對這點有歧見，但你願意跟我一起下注試試看嗎？不贊同，但執行？」此時，沒人確知答案，你大概能快速獲得同意。

貝佐斯願意為了方便快速做出後果影響不大的決策而冒做錯決策的風險。

如同貝佐斯所言，許多公司成長後，決策速度就減緩。雖然，領導人自然地想保護他們已經建立的東西，因而在決策時小心翼翼，但是，把每個決策當成第一類決策來看待，往往不是帶來益處，而是造成傷害。亞馬遜能夠做到高速決策，係因為該公司的六十幾萬名員工被授權在面臨第二類決策時，快速行動。

換言之，優秀的領導人知道如何把決策做好，亞馬遜期望每個員工都是領導者，不論他們的職務或位階是什麼。他們知道第一類決策和第二類決策的差別，他們對每個決策投入適量時間與心力，他們被授權提出他們的意見，他們尊重同仁做出的決策——縱使他們不贊同那些決策。

亞馬遜領導準則——不贊同，但執行：當不贊同他人的決策時，領導者必須尊重地提出質疑，縱使這麼做令人感到不自在或精疲力竭。領導者有信念與堅持，他們不會為了社會凝聚力而妥協讓步。一旦做出了決策，他們就全力以赴。

這裡的重點是，在亞馬遜，做出的決策不需要所有人都贊同。貝佐斯不要求全體一致同意，但強調決策一旦做出後，大家都必須全力以赴。這是亞馬遜致力於滲透至其文化的某個部分的一個理念。

如何以高速決策來加速成長

亞馬遜闡明高速決策始於建立一個接受小失敗和實行動態發明與創新的文化。還記得嗎?成長法則的第一條言明亞馬遜「鼓勵成功的失敗」，讓人們冒較小的風險，爾後再評估哪裡做錯了，把它們轉化為將來的成功。

亞馬遜實行動態發明與創新，創造出崇尚實驗的環境，這法則相似於運動界的一句格言：「優秀的進攻就是最佳防守」。下注於宏大構想是「優秀的進攻」，價值勝過沒能奏效的所有小構想，以亞馬遜為例，少數幾個事業構想每年創造數十億美元的營收，讓員工能夠嘗試他們不確定能否奏效的點子。

這些法則如何產生高速決策呢？

「成功的失敗」文化使所有層級的員工更易於擁抱第二類決策，不會總是害怕失敗，員工可以自由地快速做出這類決策。另一方面，實行動態發明與創新的做法創造出團隊成員熱切於把構想付諸實行、而不是無止境地辯論的環境。

亞馬遜領導準則——崇尚行動：在商界，速度很重要，許多決策和行動是可以逆轉的，不需要大量廣泛的研究，我們重視有謀畫的冒險。

首先，每個領導者必須訓練他們的團隊能夠評估一項決策，快速行動。他們事先必須向團隊闡明第一類決策與第二類決策的定義。其次，必須說明這兩類決策的流程，以幫助詳述和區分它們。第三，必須提醒所有團隊成員有關公司期望達到的更大目的與文化。

第一類決策幾乎不可能逆轉，貝佐斯稱這類決策為「單向門」。出售你的公司就是第一類決策，不容易逆轉，也許不可能逆轉。在未找到下一個工作之前就辭掉現在的工作，也可能是第一類決策，同樣無法逆轉，可能有重大後果。

第二類決策通常可以逆轉，就算有困難，但還是可以逆轉，貝佐斯稱它們為「雙向門」。開始做一項副業，以補充你的收入，若這副業行不通，很容易逆轉。一個企業推出一項新服務，或推出新的定價結構，若行不通，可以改變。

提醒員工公司的更大目的（以亞馬遜的例子來說，更大的目的就是以顧客為念），這有助於建立「可以無懼地安全冒險」的文化，給予團隊成員快速且安全地做決策的自由度。

實行授權員工根據決策種類來評估及採取行動的流程後，通常可以發現，團隊成員花更少錢去冒較小、但更明智的風險，獲致遠遠更好的結果。有自主權和清楚架構去做出第二類決策的員工，通常在他們的工作上變得更有效能。

在此澄清一點，我並不是建議你應該容忍愚蠢或重複的失敗。我的建議是，當決策有些風險、但負面後果有限時，你應該傾向行動。

在亞馬遜，貝佐斯就是這樣向他的團隊宣導。若出了錯，就從錯誤中學習，使你知道下次如何做得更好。慢慢開始，讓他們知道他們將必須能夠解釋決策的理由，但你信任他們做出最佳決定，若他們發現另一途徑更好，就做出修正。

若某人濫用此流程，或一再犯相同的錯呢？亞馬遜不會容忍無能，這也是該公司非常重視招募適任人才的原因。不過，就算勝任的人才，也會犯錯，人非聖賢，孰能無過，亞馬遜知道這點，它想要的是懂得如何明智冒險以限縮犯錯後果的人才，該公司甚至在面試工作應徵者時詢問有關於「失敗」的問題。

事實上，在高速決策方面做得最成功的企業，縱使確保盡快採取行動，他們在採取行動之前，都知道下列各點，你也必須知道這些：

- 你要前往的目的地
- 為到達那目的地，你必須冒的風險及程度；
- 這風險及冒險是對你的前途的投資與資產；
- 冒適量的這些風險，可以提高你的風險報酬，降低某些東西行不通所造成的影響。

高速決策是一種動態流程，每個公司有適合其文化的決策速度，這個甜蜜點，各家公司不同。在一個組織內部，整個組織、個別部門，或特定個人，也各有不同的這種甜蜜點。高速決策不是組織發布的「敕令」，是組織採行的一種整體事業成長策略。

若你難以區別第一類決策和第二類決策，可以試試以下的區分法：

- 第一類決策通常更偏向策略性質；第二類決策往往偏向營運性質。
- 第一類決策通常涉及改變你正在做的事；第二類決策往往跟你如何做事有關。

貝佐斯認為，兩類決策都重要，亞馬遜期望所有員工隨時留心注意它們的差別。

每個企業或組織必須定義對他們而言，什麼是第一類決策，什麼是第二類決策。切記，這指的是辨識哪些決策是易於逆轉的（第二類決策），面對這類決策，當有所懷疑，不太肯定時，速度至上。

貝佐斯的方法：六頁敘事體備忘錄

在亞馬遜，做高速決策時採行的一種反直覺方法是，貝佐斯要求員工在每次的決策會議之前，製作一份六頁的備忘錄。雖然，製作這些備忘錄（並且在會議一開始閱讀它們）會減緩速度，但「減緩以加快」其實非常有益。

是的，決策速度很重要，但是，周詳的決策對事業成長更重要，尤其是第一類決策。因此，在亞馬遜的高速決策天平的另一端是六頁的敘事體備忘錄，這是要刻意減緩決策流程。

這六頁敘事體備忘錄（six page narrative memo）是針對任何新構想而製作的文件，反映此構想的思考過程，以「故事」形式撰寫，清楚述說此構想或計畫，彷彿你在和某人交談，向他們解釋這新構想的背後故事。人們交談時，不會用要點條列形式來交談，敘事文是敘述形式，讀起來像一本書，不像一個圓餅圖。（當然，備忘錄中或許有些內含支持資料及資訊的附錄。）

六頁敘事體備忘錄是「調查」流程的第一步，一個新構想可能是關於創造一項新產品，或是朝往一個新方向，或是建立一個新流程，不論何者，都不能對風險掉以輕心，每個新構想都要非常認真探究。

事實上，六頁敘事體備忘錄的特徵之一是，每個提案人都被要求必須預測未來，這點忠於貝佐斯的取向。在此要求下，你的視角從「若這奏效的話」，改變為「當這奏效時，將會發生……」。這是一種心態上的轉變，事前設想正面及負面後果。

第一類決策不能飛快匆促地做出，製作六頁敘事體備忘錄這流程確保所有人都清楚了解後，這構想才獲准進行更多的測試，取得更多資源。通常，製作六頁敘事體備忘錄所需歷經的思考過程，將使構想提案更充實、更完善，確保它在獲得核准之前，已經是一個好構想。但亞馬遜往往要求其員工思考如何在不取得任何資金之下實行一個構想，這是最高乘的創造力。

幾乎所有會議都需要某種「備忘錄」；較大的決策可能需要寫滿六頁，較小的決策可能只需要一或兩頁的備忘錄。重點是，未經周詳思考，就不能進入決策會議。

有了六頁備忘錄，所有人對此構想便有相同的認識，儘管，製作六頁敘事體備忘錄比製作一些 PowerPoint 投影片或一頁的要點條列更難，但它迫使作者釐清自己的思想。

若提案的構想行不通，大家可以回頭檢視原始的六頁敘事體備忘錄，看看他們可能疏忽了什麼。因此，這六頁敘事體備忘錄既是事前說明，也可做為事後檢討之用。

在亞馬遜，我們不做 PowerPoint（或任何其他投影片格式）簡報說明，我們寫敘事體的六頁備忘錄。每次會議一開始，我們安靜地閱讀一份六頁備忘錄，就像「自習時段」。不意外地，這些備忘錄的品質明顯不一，有些如同天使之音般清澄，非常出色周詳，為高品質的會議討論做好準備；有些則是品質不佳。

以倒立為例，高水準的倒立，相當容易看出。我們並不難詳細列出一個做得很好的倒立應該符合哪些要求標準，然後，一望即知你的倒立做得好不好。但作文就很不同了，一篇優異的備忘錄和一篇普通水準的備忘錄，其差別遠較含糊，我們很難詳細列出構成一篇優異備忘錄的要件。儘管如此，我發現，很多時候，讀者對於優異的備忘錄的反應很相似，他們讀到這樣一份備忘錄時，就知道它很優異，水準擺在那裡，真真確確，但不容易形容。

以下是我們的一些發現。通常，當一份備忘錄寫得不佳時，並不是撰寫人不知道高標準，而是對論述範疇有錯誤的預期：他們誤以為可以用一、兩天、或甚至幾小時寫出高水準的六頁備忘錄，但實際上，可能得花上一或多個星期！優異的備忘錄是寫了又修改，和同事交流，請他們提供意見，幫助改進，擱置幾天後，再次以嶄新思維編輯它。根本不可能用一、兩天寫出優異的備忘錄。你可以透過教導範疇，改進備忘錄的撰寫品質，優異的備忘錄應該花上一或多個星期來撰寫與修改。

（附註一點，亞馬遜的傳統是，備忘錄上不會出現作者姓名，備忘錄是來自整個團隊。）

——二〇一七年貝佐斯致股東信

如同貝佐斯所言，撰寫一份六頁敘事體備忘錄，不能僅憑一己之力，需要通力合作。你在組織中的位階愈高，愈可能有其他人和你一起製作這份敘事體備忘錄。通常，主管花一或多個星期和同仁交流這份文件，取得反饋意見，再精雕細琢，直到每個能想到的層面都考慮透徹。（在亞馬遜，對你的資歷發展影響最大的事情之一，是你向高階主管團隊提出了一份撰寫得很差的敘事體備忘錄。）

投入這麼多時間與心力去製作一份優秀的六頁敘事體備忘錄，有一個附加好處：需要為它召開的會議次數大大減少。試想，若你必須花一星期的時間撰寫一份備忘錄，你就不會隨興地發函召開會議，而且，會議規模也不大，公司政策限制只有那些將受到直接影響的部門或人需要出席會議。（貝佐斯還有「兩個披薩」原則：與會人數必須控制在兩個披薩夠吃的範圍內。）

每場會議的一開始是三十分鐘的安靜時間，所有人仔細閱讀備忘錄。三十分鐘結束後，所有與會者提出他們的直覺感想與反應（通常，高階主管是最後發言者），接著探索有沒有疏忽遺漏之處，提出探究疑問，深入探討可能發生的潛在問題。

我很肯定地建議用（六頁）備忘錄取代 PowerPoint 投影片。順便一提的是，我們之所以在會議中闢出專門時間去閱讀備忘錄，是因為若不這麼做，主管們會像高中生那樣，粗率地翻閱，假裝已經閱讀過了，因為我們很忙。所以，務必闢出閱讀備忘錄的專門時間，我們的做法就是會議開頭的三十分鐘，讓所有與會者認真閱讀備忘錄，這樣，他們就不能假裝已經閱讀過了。這方法相當有效。

——二〇一八年在南美以美大學小布希總統中心舉行的領導力論壇「與貝佐斯談話」[23]

以下是亞馬遜旗下機器人事業單位副總裁暨傑出工程師布萊德・波特（Brad Porter）對這備忘錄流程提出的一些洞察：

「想像你參加一場會議，所有與會者對即將討論的主題有深入的脈絡了解，他們熟知你事業的重要資料。想像若所有人了解你營運的核心信條，了解你如何把它們應用於你的決策。你的說明過程不會一再地被他們提出的釐清疑問給打斷，這有多棒？會議上不會根據會議前在社會網絡上的倡議來做出決策，這有多棒？高階主管們從你的立場來深入了解你的組織，而不會武斷地認定他們比你懂得更多，這有多棒？與會者能夠審閱決策中的重要資料，而不是提案者沒揭露他們的研究分析，就斷言其提案關係重大，這有多棒？在亞馬遜的會議就是這樣，太棒了。」[24]

製作六頁敘事體備忘錄的步驟

AWS 副總裁珊蒂．卡特（Sandy Carter）在一次線上簡報中談論六頁敘事體備忘錄的製作，她是新進人員，必須學習如何撰寫與架構備忘錄，以下是她提出的步驟與項目清單（括弧中的內容是我的補充說明）：

1. 撰寫新聞稿。（這是未來正式推出專案時，你將發布的新聞稿，向外界說明此專案及其重要性。）
2. 撰寫常見問題。（事先考慮你如何回答人們將提出的常見疑問。）
3. 定義使用者互動。（解釋它如何運作。）
4. 撰寫操作手冊。（提供如何使用或操作它的指南。）
5. 回答這些問題：
   - 顧客是誰？
   - 顧客的問題或機會是什麼？
   - 最重要（單項）的顧客益處是什麼？（只選擇一項益處，但務必是最顯著的一項益處。)

- 你如何知道顧客需要什麼?(說明你的提案緣起。)
- 將帶來怎樣的顧客體驗?(預期顧客的反應。)

此方法何以在亞馬遜運作得這麼好?

亞馬遜以要求製作六頁敘事體備忘錄來減緩做出較重大決策的速度,至於風險較低的決策,則是加速做出,這種方法無疑地相當成功,幫助亞馬遜長期前進得更快。為什麼?

其一,敘事體的六頁備忘錄迫使作者周詳思考,以故事形式提出他們的構想,使會議中的閱讀者更加投入。我們的大腦天生對故事的賞析與了解不同於對原始資訊的消化,備忘錄的最終目的是把概念與構想溝通得宜,確保它有適當意圖和審慎考慮,符合亞馬遜的飛輪。

另外,當人人被授權做出第二類高速決策(那些沒有不可逆轉後果的決策)時,那些負責第一類決策（有重大後果的決策）的人就可以騰出時間，聚焦於大局中最重要的事務與決策。

如同貝佐斯所言，規模較大的組織常落入的陷阱之一是，公司變得愈大，就變得不敏捷，花更長的時間做決策（包括不那麼重要的決策）。要領是：慢速的一類決策可促成高速的二類決策，反之亦然。

這完整的決策流程幫助加快亞馬遜的成長，持續其飛輪的動能。

附註

貝佐斯只有一次提到另一份他想要股東閱讀的文件，那是在二〇〇五年致股東信中。顯然他覺得這夠重要而必須一提，他在注解中寫道：

亨利．明茲柏格（Henry Mintzberg）、杜魯．瑞曾哈尼（Duru Raisinghani）與安德魯．提奥瑞（Andre Theoret）合撰、發表於一九七六年的一篇精采文獻中，談到「非結構性」（unstructured）決策流程的架構。他們檢視組織如何做出策略性質的非結構性決策，相對於更量化性質的營運性質決策（operating decisions）。這篇文章中寫道：「**管理科學家們過度關注營運性質決策，很可能導致組織更有效率地訴諸不當的行動方針。**」他們並不是在辯論嚴謹且量化分析的重要性，只是在指出，管理科學家偏重關注與研究這個領域，或許就是因為它更能量化吧。你可以在以下網址取得這篇文章：「www.amazon.com/ir/mintzberg」。

想一想你能怎麼應用

產生高速決策

思考問題 1：你的組織是否有區分第一類決策和第二類決策的機制，你的團隊成員全都了解其中的區別嗎？

思考問題 2：你的組織是否有做好第一類決策的制度？（你的「六頁敘事體備忘錄」的版本是什麼？）

思考問題 3：你的組織是否有快速做出第二類決策的機制？

請上「TheBezosLetters.com」，取得更多資源。

8

法則 8：化繁為簡

……Kindle 讓讀者更方便購買更多書籍。每當你把一件事變得**更簡單、更少摩擦**時，你就會多做這件事。

——二〇〇七年貝佐斯致股東信

去年聖誕夜，我太太和我跟我們的女兒、女婿與四個可愛的孫子孫女（分別為五歲、三歲、十八個月與一個新生兒）在他們位於匹茲堡的家中團聚，我女婿的家人也來了，因此，要拆的聖誕禮物不少，那晚，地上到處都是玩具卡車、恐龍、書籍、拼圖、包裝紙。但在這一切歡樂中，大人們辛苦地用剪刀和包裝拆刀拆開許多玩具的兒童防護硬塑膠材質對摺雙泡殼包裝（clamshell packaging）。

孩子們熱切等候玩具，大人們急於試圖拆封，又得小心翼翼，避免傷了眼睛或手指。儘管是歡樂時光，但光是拆封玩具，就得大費周章，只有來自亞馬遜的玩具例外，那些玩具採用「不惱人包裝」。

為何多數產品製造商不採取行動解決顧客拆封包裝時的煩惱呢？有兩個主要理由：其一，貨架上的醒目包裝幫助銷售產品；其二，包裝保護產品，直到某人購買它。拆封包裝不是廠商的「問題」，他們只需確保產品醒目，以及顧客取得完好的產品。

尤其是玩具，當家長帶著小孩在商店貨廊上購物時，完美陳列的超級英雄或漂亮公主非常吸引小孩。（家長往往得在發脾氣和把玩具帶回家這兩者之間選擇，我承認，身為家長，我有時選擇後者。）

但是，亞馬遜沒有貨架或貨廊，它只有品項列表。亞馬遜不需要完美陳列產品，它有照片、影片、說明與顧客評價來銷售產品；它沒有貨廊讓顧客走來走去，可是有產品列表供顧客上下滑動螢幕，有無限的空間放置圖片和影片。

起初，顧客從實體零售店轉往亞馬遜網站購買及收到貨品時，同樣為了拆封專門為傳統零售店設計的包裝而惱怒，畢竟，亞馬遜並不需要這類傳統包裝的好處。因此，貝佐斯及其團隊在二〇〇八年決定，該是對此問題採取行動的時候了：他們決定消除「傳統做事方法」帶給顧客的苦惱，以更有效率且簡單的產品包裝方式取而代之。

取名為「不惱人包裝」的構想是由亞馬遜和產品製造商合作，創造出「只針對亞馬遜」、在亞馬遜網站上銷售的產品特殊包裝。這些包裝必須容易拆封且可回收利用，不需用力扭轉，不需使用剪刀，不使用塑膠（特殊情況除外），不再苦惱，不再流淚，不再被割傷流血。

亞馬遜讓顧客選擇他們想要傳統包裝抑或「不惱人包裝」，因此，若你訂購的商品是做為禮物，想讓收件人知道這產品是新的，你可以在結帳時選擇傳統包裝。若你沒有理由去偏好傳統包裝，你可以選擇「不惱人包裝」，享受更快樂的節日或生日派對。

若你曾經有過相似於我們往年聖誕夜的體驗，你大概會覺得「不惱人包裝」是個不假思索的道理。但是，對亞馬遜而言，這項服務的不假思索在於它貼切吻合亞馬遜的典型顧客消費旅程——輕鬆容易且無困擾的線上購物體驗。

解決顧客的苦惱，帶來回報。不出五年，亞馬遜的「不惱人包裝」方案就締造了大成功。貝佐斯在二〇一三年致股東信中敘述此方案的起源及頭五年的成長：

我們和惱人的包裝紮線及塑膠材質對摺雙泡殼包裝的奮戰愈演愈激烈，五年前開始的一項服務方案源於一個簡單想法——不應該讓你必須冒著身體受傷的風險去拆封你的新電子產品或玩具，現在，這服務已經成長至涵蓋超過二十萬項產品，全都提供容易拆封、可回收利用的包裝，旨在減輕「拆封怒」（wrap rage），並幫助地球減少包裝廢棄物。

目前已有超過兩千家廠商參與我們的「不惱人包裝」服務方案，包括費雪牌（Fisher-Price）、美泰兒（Mattel）、聯合利華（Unilever）、貝爾金（Belkin）、瑞士維氏（Victorinox Swiss Army）、羅技（Logitech）等。我們現在出貨無數的「不惱人包裝」產品至一百七十五個國家，我們也為顧客減少廢棄物——截至目前為止，已經免除了三千三百萬磅的過多包裝。

這項服務方案完美例示一支任務團隊埋首專注於服務顧客，經由努力與堅持不懈，從僅僅十九項產品做起的一個構想，現在已經涵蓋數十萬項產品，造福無數顧客。

「不惱人包裝」方案的主焦點是減輕最大的顧客惱怒之一，我必須承認，亞馬遜出貨的「不惱人包裝」玩具的確令人不惱怒。愈來愈多產品製造商了解到，他們意圖使產品在實體商店貨架上顯眼的舊式包裝，對那些想要貨品遞送到府的顧客而言起不了作用。

亞馬遜宣傳其「不惱人包裝」更永續、更合適、且使用可回收利用材質，包裝設計成更容易拆封，甚至減少運送過程中對商品的損傷。這改變對亞馬遜有益，對顧客有益，對地球更有益，他們化繁為簡，創造三贏。

開發 Kindle，簡化書籍收藏與可攜性

拉開電子書閱讀器的後簾，Kindle 是一個化繁為簡的證明……當然，這簡單指的是對使用者而言。

已故傳播學者艾佛瑞．羅傑斯（Everett Rogers）對臭鼬工廠的定義如下：「擺脫例行性組織程序的有益環境，旨在幫助一小群個人設計出一個新東西。」[25]

若說亞馬遜有什麼臭鼬工廠專案，那就是為了研發硬體而設立的Lab126，這是亞馬遜邁向研發實體產品的一個轉變。Lab126研發出的第一個成功產品是一款電子書閱讀器，取名為「Amazon Kindle」。

Kindle是二〇〇七年貝佐斯致股東信中的主角，貝佐斯在這封信的一開頭就談到了它：

> 二〇〇七年十一月十九日是特別的一天，經過三年的努力，我們向顧客推出了亞馬遜Kindle。
>
> 各位當中可能有許多人已經聽聞過Kindle，我們很幸運（也很感謝）它被廣為報導及談論。簡單地說，Kindle是為特定目的建造的閱讀設備，可以無線連結至超過十一萬冊書籍、部落格、報章雜誌，這無線連結不是WiFi，它使用先進手機所使用的無線網路，這意味的是，在家裡的床上或是在外面行動時，都可以使用。你可以直接在這設備上購買一本書，然後以不到六十秒鐘的時間無線下載整本書，隨時閱讀。你不需要綁定什麼一整年的「無線上網方案」，不需繳月費。它有近似紙本的電子墨水顯示，縱使在大白天，也很容易閱讀。

第一次看到展示機的人非常驚豔，它比紙本書更輕薄，可以儲存兩百本書。各位可以去亞馬遜網站的Kindle專頁看看顧客對它的評價，截至目前為止，Kindle已經獲得超過兩千筆評價。

各位大概也預料得到，花了三年的努力，我們自然衷心期盼Kindle受到歡迎。但是，我們沒料到它的需求會這麼旺盛，剛問世五個半小時，就銷售一空，我們的供應鏈及製造團隊必須急忙提高產能。

我們一開始就訂定了顯然大膽無畏的改善實體書的目標，我們對此目標不敢掉以輕心，任何一個以大致相同形式屹立、並抗拒變革了五百年的東西，不太可能被輕易改進。設計流程之初，我們辨識了我們認為書籍的最重要特點，它消失了。當你閱讀一本書時，你不會去注意它的紙張、墨汁、黏膠與縫線，所有這些都不再被注意，只剩下作者的世界。

我們知道，Kindle也必須做到這點，就像實體書那樣，讓讀者全神貫注在作者的世界，忘了他們在一部設備上閱讀。我們也知道，我們不應該試圖複製實體書的所有特色，我們永遠無法做到完全相同於實體書且勝過實體書，我們必須增加新能力——傳統實體書永遠不可能提供的功能。

我在此敘述 Kindle 的一些實用性能——實體書永遠無法讓你做到的事。用 Kindle 閱讀時，若你碰到一個不認識的字彙，你可以很容易地查詢。你可以在 Kindle 上搜尋你購買下載的書籍；你的旁注及畫線都儲存於雲端的伺服器，不會消失。Kindle 自動標記你正在閱讀的書籍讀到哪一頁，若你的眼睛累了，你可以變換字體大小。最重要的是，它可以讓你無縫銜接、容易地找到一本書，在六十秒內下載整本書，我目睹人們首次這麼做，這顯然是對他們有深刻影響的一項功能。我們對 Kindle 的願景是，所有曾經付梓的任何語言的書籍，全部可以在六十秒內下載完畢。

二〇〇七年十一月，Kindle 問世時，供應超過八萬八千種書籍，已經是相當多的數量了，但現在，Kindle 上供應的書籍已經超過六百萬種。

亞馬遜接著陸續建立起一整個 Kindle 電子書閱讀器生態系。Whispersync 是亞馬遜為 Kindle 提供的雲端同步服務，旨在確保不論你去到何處，不論你攜帶什麼設備，都能存取你的藏書，以及你的所有重點標示、筆記、書籤，你的 Kindle 設備和行動應用程式全部同步。後來又增加有聲書，以及納入 Audible（譯注：二〇〇八年被亞馬遜收購的有聲讀物出版公司）的有聲讀物，讓你可以聽一本書，然後無縫銜接切換至閱讀模式。

技術性挑戰為全球上百個國家的Kindle使用者把無數的書籍和設備化為實際，且具有全天候的可靠性。Wispersync基本上是一個協調一致的資料商店，有應用程式定義如何解決各種設備上呈現內容的不一致性。當然，這項技術隱藏於幕後，Kindle顧客是看不到的，當你打開你的Kindle時，它同步化，呈現你上次閱讀的最後那頁。套用科幻小說家亞瑟．克拉克（Arthur C. Clarke）的話，和任何夠先進的科技一樣，它無異於魔法。

——二〇一〇年貝佐斯致股東信

Echo和Alexa使人們的日常生活更簡單

Kindle是Lab126研發出來的第一個成功產品，之後，這個發明實驗室持續致力於化繁為簡。

我相信，貝佐斯首次聽到現在名為「Alexa」的語音助理概念時，他一定超級興奮。五十多年前的一九六六年（當時，貝佐斯約兩歲），《星艦迷航記》（*Star Trek*）這部科幻電視影集首播，在這太空奇幻世界裡，聯邦星艦企業號（USS Starship Enterprise）的電腦對語音指令做出反應，通訊使用的是手持設備。《星艦迷航記》中的許多科幻概念後來已經被陸續實現，艦上人員使用手持「通訊器」，蘋果公司推出 iPhone 時，顯然融會貫通了這個概念。（雖然，亞馬遜的「Fire Phone」失敗了，但它是優異的嘗試。）

然後是 Alexa。相同於聯邦星艦企業號的語音啟動電腦，Alexa 是用於亞馬遜智慧型音箱 Echo 的機器學習語音辨識軟體，Alexa 和 Echo 結合起來，形成一個聆聽「喚醒詞」（wake word）的硬體設備，然後，軟體對語音指令及提問做出回應。開發一套能夠和 Google 或蘋果媲美的語音辨識系統，不是簡單容易的事，尤其是考慮到那些公司已經在開發智慧型手機軟體方面有了巨大的起步優勢。但是，亞馬遜現在已經用 Alexa 和 Echo 這兩項產品躋身聲控領域的翹楚。

Echo 設備的傑出工程成就之一是其遠場（far field）語音辨識的品質，遠場指的是，你可以站在離設備十到十五英尺遠的地方，說出啟動詞，喚醒設備有所反應。

初始版本的 Echo 並未包含連結至其他物聯網設備（包括由其他公司製造的燈泡及

恆溫器等等），後來，有個工程師鬧著玩地裝配了一個 Echo 音箱，做為一部串流電視設備的聲控器，貝佐斯看到它時，猶如發現了新大陸。（這是員工能夠自行做出新嘗試的情況之一，不消說，貝佐斯大概被這個「鬧著玩」的實驗振奮了。）

物聯網的發展大大增進了 Echo（Alexa）的影響程度，在物聯網之下，舉凡你家臥室的電燈、你家冰箱門上的採購清單，都可以聲控操作，Echo 音箱可做為市面上種種「智慧家庭」設備的一個控制中心。

有些人大概還記得卡通影集《傑森一家》（*The Jetsons*）中的情境，在一個未來世紀，有機器人當僕人，有飛碟形狀的車子，有移動式的人行道可供遛狗。我們現在還沒有飛行的車子，但有了 Alexa，傑森家的許多聲控設備現在漸漸變得普遍了。

相似於蘋果公司早前的做法，亞馬遜把 Echo 平台開放給第三方軟體開發者，截至二〇一八年年底，已經有超過七萬種「Alexa 技能」（Alexa Skills）可供世界各地的 Echo 設備使用者選用。（Skills 是第三方為消費者開發的聲控設備軟體程式。）

Echo 的成功，某種程度上是 Fire Phone 這個「成功的失敗」衍生出來的結果：亞馬遜停產這款「購物手機」後，把更多資源投注於研發聲控技術以及他們在過程中學到的東西。現在，Alexa 能夠管理我們的照明設備、我們的購物、我們的行程等等。Alexa 的下一個重大工作可能是料理晚餐……這可能不像你想像中的那麼難以實現。

自助結帳與亞馬遜無人商店 Amazon Go

我強調這些平台的自助性質，因為基於一個我認為不太顯而易見的理由，自助有其重要性：縱使是立意良善的守門人，也會減緩創新。當一個平台為自助性質時，就算是聽起來不太可行的點子也會被嘗試，因為沒有專業的守門人隨口說出：「那絕對行不通啦！」你猜怎麼著，許多那些聽起來不太可行的點子，實際上真的行得通，社會因為這種多樣性而蒙益。

——二〇一一年貝佐斯致股東信

在雜貨店、量販店、住家修繕用品店等各種零售店，自助結帳制已行之有年，這種模式對顧客的益處是不必大排長龍等候結帳，缺點是，自助結帳並非總是運作得很好。

我對自助結帳愛恨參半，你或許也有與我相同的惱人體驗——掃描品項後，進入裝袋區（bagging area），卻聽到自動語音系統告訴你：「裝袋區有不明物品」，這是零售店合理地必須防止你未付款而取走某一品項，但導致顧客的不便利體驗。或者，你可能聽到惱人的「已通知服務員」訊息，顯示你的購物流程卡住了，必須等候服務員前來手動重新設定機器。

排隊等候收銀員結帳，縱使你排隊的是「少於十個品項」的櫃台，那種體驗也沒好到哪裡去，我經常覺得自己選錯了結帳櫃台排隊，總是有某個顧客購買的物品需要服務員去查詢價格，或是有其他事項需要協助，儘管可能只需花上片刻時間，總是令人覺得像是等候了一個世紀。

我在一家新開張的亞馬遜無人便利商店 Amazon Go 的購物體驗就全然不同，相當令人驚豔。那天，入住芝加哥的一家旅館後，我步行至幾個街區外一棟辦公大樓一樓新開張的 Amazon Go，首先我必須掃描手機上連結至我的亞馬遜帳戶的「Amazon Go」應用程式條碼後，才能通過閘門，進入商店。

掃了條碼，進入店裡，我四處看看，貨架上有三明治、沙拉、水果之類的各種即食品，以及一般便利商店的品項如薯片、各種飲料等等。購買時，你從貨架上取下貨品，放進你的購物籃裡，我取了一些午餐，以及一個上頭印了「Just Walk Out Shopping」的馬克杯，走向出口，壓抑住想找付款處的習慣傾向。因為在 Amazon Go 購物，真的就是「拿了就走」，拿了你想要的商品後就走出商店。

我感覺自己彷彿沒付款，但實際上，我已經付了。幾分鐘後，我收到一封電子郵件和應用程式的通知，附上我剛才購買商品的收據，品項與金額完全正確。相較於在傳統零售店裡使用自助結帳時經常遇上惱人的體驗，亞馬遜無人商店的「拿了就走」購物體驗真是大不同。

亞馬遜無人商店這個概念可資例示，在「以顧客為念」的理念堅持下，亞馬遜致力於化繁為簡，他們總是聚焦於什麼對顧客最好。

多年來，我們考慮過可以如何用實體商店來服務顧客，但我們覺得必須先發明出確實能夠在那種環境下贏得顧客歡心的東西。Amazon Go 使我們有了一個清晰的願景——消除實體零售店中最糟糕的狀況：排隊結帳。沒人喜歡排隊等候，我們想像一家讓你走進去、拿了你想要的貨品後就離去的商店。

想做到這點，有難度，技術上的難度，需要全球各地許多聰明、用心投入的電腦科學家和工程師的努力。我們得設計和打造出專有的攝影機與貨架，發明新的電腦視覺演算法，包括能夠把數百部合作的攝影機拍攝的影像拼接起來，而且，這些技術必須高超到隱沒在背景中，完全不被看見。最終，我們獲得的回報是來自顧客的反應，他們用「神奇」二字形容在 Amazon Go 的購物體驗。

亞馬遜說：「拿了就走」，他們是認真的。

——二〇一八年貝佐斯致股東信

使用 Alexa 技能藍圖

若能讓在你家過夜的客人詢問 Alexa 你家的 Wi-Fi 連線密碼，這是否有所幫助呢？當你晚上有事外出時，你想不想在 Alexa 上留下一些指示給你的鐘點保母（或寵物保母）？若可以讓你的青少年孩子詢問 Alexa，他們得做完哪些家事後才能晚上外出跟朋友聚會，這是不是很棒？

使用 Alexa 技能藍圖（Alexa Skill Blueprints），你可以做到這一切。

使用 Alexa 技能藍圖，就算你不是程式設計師或科技通，也可以簡單且容易地自行設定 Alexa 語音指令及回答，就像在你的手機上下載應用程式般簡單。填入空白模板中的 Alexa 技能藍圖指導你如何建立一種 Alexa 技能的流程，這是亞馬遜為了幫助你的生活變得更輕鬆，最新推出的服務之一。

亞馬遜還推出了專門為企業量身打造的 Alexa 技能藍圖，讓公司可以自行建立 Alexa 技能，這些全都不需要撰寫程式。亞馬遜提供了數十種預先架構的模板，再加上一個精靈流程，教你如何一步步打造一種 Alexa 技能。建立好一種 Alexa 技能後，平台創造一條途徑，讓公司的ＩＴ部門或某人「核准」使用這項技能，一經核准，該技能就可以在全公司推出。

亞馬遜已經使用技術來為顧客加快時間，Alexa 技能藍圖是十四條成長法則中的多條法則的例子，包括「以顧客為念」和「化繁為簡」，從 Alexa 語音生態系統的持續發展，可以看出亞馬遜認為這項新的 Alexa 技能藍圖服務有多重要。亞馬遜推出的一些項目在早期階段可能予人「曚惑」的錯覺，Alexa 大概也是這類項目當中的一個，許多人可能低估了亞馬遜人工智慧技術的重要影響性，實際上，它為市場創造出一些新的、更快速的技術，Alexa 技能藍圖將來可能成為亞馬遜的另一個呈現「曲棍球」形曲線成長的成功業務，不少人正在密切注意中。

在保健業中開始化繁為簡

亞馬遜在二〇一八年六月以十億美元收購線上藥局PillPack，PillPack的獨特市場定位是，它把多份處方箋用藥變得更簡單，在預先整理後，將藥品遞送上門。基本上，PillPack把人們的多種處方箋藥整理成一次服用一包，裝進盒中，每月遞送到府，你每次從盒中拉出一包服用（包裝上注明了服用日期與時間）。

跟一般的藥房一樣，PillPack的服務是免費的，用戶支付的費用是固定金額的自付額（copay），以及你的保險計畫未給付的藥品（例如維他命或非處方箋藥）。PillPack為你處理保險、處方箋轉移、處方再配等事宜，它的目標市場是那些每天得服用五種或更多種藥物、但常常難以記得何時該吃什麼藥的患者（在嬰兒潮世代當中，這類人口持續成長）。

在亞馬遜的可靠服務聲譽加持下，PillPack的「服藥更簡易」承諾在藥房業可說是一顆大力丸。事實上，在此收購案宣布的當天，美國的三家大型連鎖藥房沃爾格林（Walgreens）、惜福思健康（CVS Health）與來德愛（Rite Aid）合計市值蒸發一百一十億美元。

儘管股價重挫，沃爾格林博姿聯合公司（Walgreens Boots Alliance，譯注：Walgreens 收購 Alliance Boots 之後成立的控股公司）的執行長史岱芳諾．佩西納（Stefano Pessina）在一次電傳會議中，被問到亞馬遜收購 PillPack 一案時表示，他對後續發展並不感到特別憂心。「藥房業並非只是遞送藥品或特定包裝，遠比這複雜多了，我強烈相信，在未來，實體藥房仍將持續非常、非常重要。」[26]

當然，佩西納的這番見解可能只是他的一廂情願，因為這正是亞馬遜所做的事：化繁為簡。

想一想你能怎麼應用

化繁為簡

思考問題1：新顧客和你生意往來的最大「進入障礙」是什麼？

思考問題2：你可以採取什麼做法，使現有顧客更容易增加和你的生意往來？

思考問題3：你的顧客和你往來的體驗中，最複雜的部分是什麼？你可以如何簡化這部分？

請上「TheBezosLetters.com」，取得更多資源。

9

法則 9：用技術來加快時間

發明是我們 DNA 裡的基因，技術是我們用以進化和改進每個顧客體驗層面的基本工具。我們仍然有許多需要學習的東西，我期許我們持續在學習中享受樂趣，身為此團隊的一員，我深以為傲。

——二〇一〇年貝佐斯致股東信

若你有過生火的經驗，應該知道在火上添加燃料的效果，在炭烤架上添加打火機油，火便燒得更旺盛。

當被問到企業的良好促進劑是什麼時，我想，多數企業可能會說「更多錢」或「更多員工」是他們加快成長的關鍵動力。但貝佐斯知道，使亞馬遜比其他公司更成功的關鍵因素之一是，技術加快了該公司的成長速度（及時間）。

為何現在比以往更容易用技術來加快時間

現在，幾乎所有資訊都被數位化了，因此，數位化的公司享有明顯優勢，他們可以分析更多資訊，可以更快速取得資訊，可以有更可靠的最新資料。

在不是太久的以前，想創立一個撼動產業的事業，得花上多年和數百萬美元或更多的錢。後來，實現一個事業構想，創立一家公司的成本大幅降低，現在，有五千美元（或更少的資金）就能讓你起步。就如同在電腦問世的早年，龐大的主機型電腦得占據整個房間，但現在，我們的智慧型手機上的電腦運算力已經超過多數人的最狂野夢想了。

現在，新創公司用小成本就能使用雲端平台取得二十年前無法想像的電腦運算力，因此，事業的運作比以往更快，景氣循環從數年或數十年縮短至數月或更短。技術是只會持續加快的時間加速器。

危機快速衝擊，競爭快速到來，新科技將來得更快、更猛烈，若你沒有利用新科技來創造優勢的計畫，別的公司將利用新科技來創造他們的優勢。此刻，世界各地的公司正在試圖使你的事業變得無足輕重，若你不採取行動，鞏固你的市場地位，最終將有某個（些）公司成功地做到。

亞馬遜已經知道如何在成長為舉世最大的公司之一的同時，繼續保持敏捷，我相信，這跟他們懂得如何利用技術的力量有關。為確保你的公司不變得無足輕重，唯一途徑是明智地冒險與創新。現在，可供企業評估風險與機會的時間量已不同於幾年前了，他們現在必須比以往更快速地進行這些評估，因為不採取行動的風險遠大於採取行動。換言之，不行動的後果不亞於行動的後果。

如何使用技術來加快時間

你可能曾經在觀看一場職業運動比賽時聽到轉播員說，比賽對某些運動員而言「加快」了，對其他運動員而言「放慢」了。雖然，對這些運動員來說，時間實際上並不會加快或放慢，轉播員的那番話指的是某些運動員能夠在最關鍵重要的時刻保持冷靜與專注，做出好決策。

相同的現象也經常發生在企業界。當公司對成長有所掌控與謀略時，他們就像那些運動員，能夠快速行動，但不感到急促，他們感覺自己有所掌控。控管你的加速器以「加快」或「放慢」時間的最佳之道，是非常有謀略地使用技術來加快你的成長。

貝佐斯很早就認知到，科技將持續進步，亞馬遜可以利用這些進步來增進顧客滿意度。別忘了，這就是他創立亞馬遜的原因，他看到網際網路每年以二三〇〇%的速度成長，意識到這種成長將帶來巨大商機。他的冒險獲得了回報。

在科技業待了超過三十五年，我觀察到技術的「曲棍球」曲線。貝佐斯應用指數型技術來使亞馬遜事業成長，他恆常尋找使用科技來創新亞馬遜的現有實務，以便使事業成長得更快更好的機會，ＡＷＳ的發展就是一個好例子。

在技術變化如此快速之下，若你什麼都不做，遲早有人利用技術，淘汰你的部分（甚至全部）事業，而且，這一天的到來可能比你想像的還要快。所以，更好的選擇是你使用技術，淘汰你的部分（甚至全部）事業，使你永遠走在尖端。亞馬遜總是這麼做。當你本身就是尋求新途徑去發明、創新與利用技術的一方時，你就是主導者。

指數型成長

當一種新技術、流程或平台把資訊數位化時，它便進入了指數型成長階段。因為指數型成長的早期部分很難被覺察到，技術的影響潛力可能非常「矇惑」（deceptive）——這個詞彙用以形容對技術潛力的錯覺。一項技術起初看來似乎沒什麼發展潛力，或是將不會大受歡迎，但這可能是一種錯覺。

以下舉個簡單例子。有一分錢每天增加一倍，過了幾個星期，就能滾出不得了的金額；第十八天時，只有一千兩百元多一點，但到了某個點之後，代表指數型成長的曲棍球形曲線就變得很明顯。到了第三十一天，你將有超過一千萬元，這主要是最後幾天的倍增創造出如此大的效果。

所以，指數型成長的早期階段很矇惑人，感覺時間很緩慢，但它其實在累積能量，建立速度。人們常會覺得採用一項技術的前置成本似乎不值得，但很可能這項技術正處於一個指數型成長週期的起始階段。

一分錢的倍增效果：指數型成長

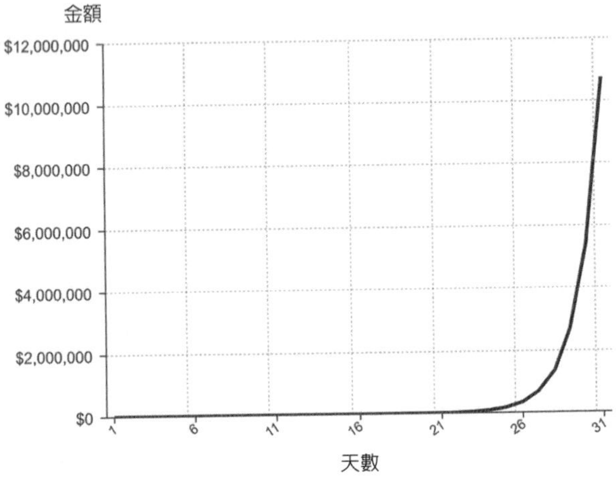

AWS及七年的起步領先

亞馬遜發展雲端運算服務，基本上就是在發展自己的內部網際網路作業系統，然後，把他們的技術基礎設施轉變成一個利潤中心。貝佐斯在二〇一四年致股東信中寫道：

> IT部門認知到，當他們採用AWS時，他們完成更多的事。他們花更少的時間在附加價值低的活動，例如管理資料中心、建設網路、作業系統補丁、處理能力規畫、擴增資料庫等等。同等重要的是，他

們得以取用強大的應用程式介面及工具，大大簡化可擴充規模、安全、堅實的高性能系統的建置作業，而且，那些應用程式介面及工具持續無縫地在幕後升級，顧客端完全不費力。

換言之，亞馬遜把為本身建立的專有基礎設施轉變成一項對外供應的服務，讓任何開發者可用於他們本身的用途。

AWS 經過多年後才在市場上站穩，但它如今是個高獲利事業，扛下亞馬遜總營業利潤的過半數。貝佐斯說過：

在 AWS 事業，我們徹底重新發明公司購買電腦運算力的方式。然後，一個商業奇蹟發生了，這從未發生過，就我所知，這應該是商業史上最大的一樁商業幸運了：長達七年期間，我們沒有遭遇任何志同道合者的競爭。這真令人難以置信。我在一九九五年創立亞馬遜網站，邦諾書店在一九九七年創立邦諾網路書店，中間只相隔了兩年，這很典型，你發明一個新東西，很快就有競爭者跟進。我們推出 Kindle，邦諾書店在兩年後推出 Nook；我們推出 Echo，兩年後，Google 推出 Google Home。

當你是開路先鋒時，幸運的話，你可以獲得兩年的起步領先優勢，但從未有人獲得七年的起步領先優勢！所以，這實在是太難得了，我認為這是眾多原因匯合之下的結果。我認為，大咖的企業軟體公司沒把亞馬遜視為一家可靠的企業軟體公司，這使得我們有很長的跑道去建立這個很棒的、充滿小特色的服務事業，而且，它太超前於現今所有做此事的其他產品與服務了。

——貝佐斯於二〇一八年彭博財經頻道的《大衛魯賓斯坦秀》節目中接受訪談時所言

我們很興奮地看到AWS一年創造了兩百億美元的營收，加快它原本就已經強健的成長。AWS也加快它的創新腳步，尤其是在機器學習與人工智慧、物聯網、無伺服器運算之類的新領域。AWS在二〇一七年宣布推出超過一千四百項的創新服務與功能，包括亞馬遜SageMaker，讓每個開發者顯著地更容易建造進步的機器學習模型。

——二〇一七年貝佐斯致股東信

人們突然開始注意到它

到了某個時點，科技進步助長的指數型成長變成「破壞性」創新，人們突然開始注意到這項新技術。

在許多人看來，技術似乎是突然冒了出來，但若你注意到「矇惑」階段，你就會更了解技術的潛在影響力。變成破壞性創新的技術與平台的例子很多，最常被談論到的是優步（Uber）和愛彼迎，但還有許多其他改變整個產業的連結平台。

破壞並非總是發生在整體產業範圍層次，像優步顛覆計程車業那樣；破壞也可能發生在你的部分事業，讓那些採用破壞性創新技術的公司取得競爭優勢。貝佐斯的眼光總是在尋找同時顛覆整個產業和競爭均勢的破壞性技術，在亞馬遜，技術滲透其團隊、流程、決策，以及每項事業的創新方法，深植於他們所做的每件事。

在任何事業，持續採用及調適技術將幫助改善顧客體驗，進而幫助推動事業的飛輪，加速飛輪轉動的整個事業體。

Google、微軟與許多其他公司正努力迎頭趕上。

亞馬遜物流中心

孩子們很喜歡觀看東西的製造過程，觀看所有組件如何結合起來運作，這是相當引人入勝的事，就連身為成年人的我也會把握任何參觀工廠的機會。

我報名參觀位於印第安那州傑佛森維爾（Jeffersonville）的亞馬遜物流中心，亞馬遜不許在其物流中心拍照，所有人必須把他們的手機放在口袋裡，因此，我的這趟參觀之旅只能保存在我的記憶裡。

傑佛森維爾物流中心是一座軟商品（soft goods）物流中心，這裡有大量存貨是衣服及其他紡織品如首飾和衣服配件等等。參觀團集合後，停留的第一站是一個訓練室，我們在那裡觀看一支有關亞馬遜的介紹短片。接著，他們發給我們每人一副耳機，讓我們能夠聽到嚮導的解說。這物流中心是一座繁忙嘈雜的工業倉庫，平時雇用近二千五百人，旺季時雇員超過六千人，約二百五十萬平方英尺的可用空間儲存了超過三千萬種品項。

我們的參觀是逆著物流流程回溯：始於出貨給顧客的那一點，一路回溯至產品從廠商那裡運抵物流中心的那一點。從末端到起始端的回溯流程，創造出一種奇妙的體驗，尤其是，這跟我為這本書所做的研究有關。在此之前，我跟許多人一樣，對亞馬遜的體驗絕大部分是站在一個消費者的立場——下訂單，亞馬遜把貨品遞送到我家。因此，從出貨給消費者的末端點展開這趟參觀流程，感覺更像是從消費者的立場去回溯。

亞馬遜在這物流中心使用的技術很出色，綿延的輸送系統貫穿整座倉庫，高速運送貨品。若倉庫裡沒有合適某個品項的箱子，不會有所閃失，馬上會有某個員工抓取能夠裝下那品項的箱子，加以處理，因為亞馬遜的制度就是要盡快出貨。所以，若你曾經收到來自亞馬遜的包裹時納悶為何裝貨的箱子過大，就是這個原因，他們不在意箱子，他們只關心快速出貨。

先進的自動化到處可見。包裝員從輸送帶上的黃色裝貨容器中拿出貨品，包裝後，放在出貨輸送帶上，出貨標籤由機器吐出，自動黏貼於包裝箱或包裝袋上。觀看整個作業流程，非常迷人。

貨品在被取下放進黃色容器輸送去包裝前，存放在看似完全沒有秩序的貨架上，貨品的確是被存放在任何有空間的貨架上，因此，貨架上的任何一個儲物箱裡可能存放了五種完全不同的貨品。（這種倉庫儲存法名為「混亂倉儲」〔chaotic storage〕，我真希望，小時候被父母叫去整理我的房間時，能知道這個名詞！）

亞馬遜採用這種倉儲法，目的是想盡量利用貨架空間，據估計，這種方法使亞馬遜能夠以相同的貨架空間儲存比傳統倉儲制度高出二五%的存貨量，然後，亞馬遜使用科技，綽綽有餘地彌補這種混亂倉儲法的欠缺效率。

當一個顧客按鍵送出訂單後，一名拿著手持電腦、推著一部裝有黃色裝貨容器推車的揀貨員便接到通知，電腦告訴這名揀貨員去何處找這位顧客下單的品項。揀貨員取得品項，掃描它們，放進黃色裝貨容器，揀取所有品項後，黃色裝貨容器便被放在輸送帶上，運送至包裝站。

在此附注說明，亞馬遜的最新一代物流中心不再讓揀貨員前往貨架揀貨，改用機器人去把貨架抬至揀貨員面前。實驗以增進效率，這是用技術來加快時間的另一條途徑。

參觀流程的最後一站在倉庫的另一端，那裡有至少二十個下貨區正在卸載運送進來的貨品，這其中包括由亞馬遜直接銷售的貨品，以及由亞馬遜市集的賣家銷售、但交給亞馬遜物流出貨的貨品。這些進貨箱逐一經過掃描與檢驗，若包裝有任何問題，或是條碼不吻合預期的產品，該箱貨品就放置一邊，等候人工處理。

亞馬遜用以加快速度和提升效率的技術，令人印象深刻。自二〇一二年收購倉儲機器人製造商奇瓦系統公司（Kiva Systems）後，亞馬遜已經使用機器人、人工智慧與自動化系統來增進其倉儲產能，使其倉儲中心能夠支援更高的銷售量。亞馬遜目前在全球有一百七十五座物流中心[27]，其中二十五座物流中心已經使用機器人來輔助人員。

想一想你能怎麼應用

用技術來加快時間

思考問題1：你是否使用技術來加快你的事業成長？

思考問題2：你可以如何使用技術來淘汰你的部分事業（搶在你的競爭者這麼做之前）？

請上「TheBezosLetters.com」，取得更多資源。

10 法則 10：倡導業主精神

一如既往，我附上一九九七年致股東信的複本，並鼓勵現在及潛在的股東閱讀它。

——二〇〇二年貝佐斯致股東信

在二〇〇三年致股東信中，貝佐斯以看似輕輕帶過的一句話，概述了亞馬遜的成長核心理念之一，這句話是：「業主不同於房客」。

長期思維既是業主精神的必要條件，也是業主精神的結果。業主不同於房客，我認識的一對夫婦把他們的房子出租，承租的那家人用釘子把他們的聖誕樹直接釘在木質地板上，而不使用樹底架。我想，這是便宜行事，當然，這些是特別差勁的房客，但沒有業主會如此短視近利。

——二〇〇三年貝佐斯致股東信

房客用釘子把他們的聖誕樹直接釘在木質地板上，若你曾經把你的房子出租，你可能有過類似的痛苦遭遇。誠如貝佐斯所言：「沒有業主會如此短視近利」。

我經常出差，因此有很多的租車經驗，我必須承認，我有時在還車時，把垃圾留在車上，心想：「反正這是出租車」。對我自己的車子，我就不會這麼做。這也是我向來不願意購買曾被出租的車子的原因，我知道我並非總是像對待自己的車子那樣對待出租車，我也知道，我絕對不是最差勁的租車者。

投資也是相同的道理，貝佐斯繼續寫道：

同理，許多投資人就像短視近利的房客，快速進出他們手上的股票，他們實際上只是在承租他們暫時「擁有」的股票。

——二〇〇三年貝佐斯致股東信

換言之，業主精神是一種心態。當一個人的行為像是某個東西的物主時，他們對這東西就會有不同的看待，他們看待這東西的態度將更像是這東西屬於他們自己的。這顯著不同於房客的心態。

展現業主精神

業主確實不同於房客，但這對於你的事業，究竟是什麼含義呢？這觀念何以對亞馬遜及其成長如此重要？貝佐斯在一九九七年致股東信中做出了解釋：

> 我們將繼續聚焦於招募及留住多才多藝且能幹的員工，繼續讓他們的薪酬結構偏重股票選擇權，而非現金。我們知道，成功主要取決於能否吸引及留住有幹勁的員工群，每位員工必須像業主般思考，因此，必須讓他們實際上成為業主。

對你的工作展現業主精神，這並不是一個獨特的概念；在企業界，人們常抱怨他們的團隊成員對自身的工作沒有展現足夠的業主精神。不過，在亞馬遜，貝佐斯及其團隊把「業主精神」帶到一個完全不同的層次。

亞馬遜不是鼓勵員工對他們的工作展現業主精神，而是要他們實際上**像公司業主般思考**。這也是亞馬遜對全公司訂定的領導準則之一：

> **亞馬遜領導準則——業主精神**：領導者是業主，他們思考長期，不為了短期成果而犧牲長期價值。他們代理整個公司，而非只代理他們自己的團隊。他們從不說：「那不是我的工作」。

貝佐斯希望公司的所有人員——從第一線員工到高階主管——像業主般思考。業主思考決策的長期含義與影響，而非只思考短期的季獲利或沒有持久價值的快贏。亞馬遜評量員工是否像業主般行為，業主不會說：「這不是我的問題」。像個業主般思考，這是亞馬遜的文化培養及鼓勵的一種重要心態。

貝佐斯在二〇〇二年致股東信中開始使用「shareowners」一詞來指稱亞馬遜的投資

人，而非只使用「shareholders」。本質上，投資人確實「擁有」一部分的亞馬遜公司，他們應該覺得自己是業主，而非未擁有公司股權、只想要財務利得的房客。

貝佐斯在二〇〇七年致股東信的開頭把往年的「To our shareholders」改成「To our shareowners」，以強化他的這個理念，而且，從此以後，每年的致股東信都使用「To our shareowners」。

抱持業主心態，確實把自己視為一個業主，這觀念顯然是創造一個追求長期持續成長的公司文化的要素之一。

如何倡導業主精神

貝佐斯如何倡導業主精神呢？以下是他及亞馬遜採行的一些做法。

稱呼人們為業主。他倡導這項觀念的簡單、但有效的方法之一是透過語言，把「shareholders」改為「shareowners」，強化亞馬遜的一個基本信條：投資人不是局外人，而是局內人。

配發公司股票給員工。當員工擁有公司股票時，他們更可能覺得涉入公司利益，有個人的所有權。

> 我們促進員工的業主精神的方法之一，是透過限制性股票單位（Restricted Stock Unit）獎酬。限制性股票單位是我們的總薪酬方案中很重要的一部分，這是我們精心設計的，旨在幫助我們吸引、激勵與留住最高水準的員工。限制性股票單位是你在公司任職一定時間、並符合其他服務條件後，獲得亞馬遜公司普通股股票的權利。
>
> ——《亞馬遜限制性股票單位：成為一個業主》（*Amazon Restricted Stock Units: Becoming an Owner*）28

決策。遵循亞馬遜模式，授權員工做出第二類決策，當員工能夠代理公司做出決策（尤其是幫助顧客的決策）時，他們更可能覺得被賦權，這是和公司的價值關聯起來的重要方式。

會議。遵循亞馬遜模式，會議強化公司的「共同目標」；使用六頁敘事體格式，讓人們能夠契合團結成一支團隊，為一個共同目標或構想而合作，因而促進業主精神。

創造發明與創新的機會。在亞馬遜，發明及創新被視為當然，公司期望人人留心尋求改進之道，尤其是在工作時。

鼓勵領導。亞馬遜期望人人肩負起領導角色，所有新進員工都會獲得一份「亞馬遜領導準則」副本。員工在展現領導時，將獲得公司的支持，而且是實際的支持，不是口惠。（這並不是說他們百分之百成功，不過，這是他們渴望與追求的境界。）

給予「選擇退出」的機會。員工加入及續留於公司，應該出於他們本身的意願。

「離職金」（Pay to Quit）是網路鞋店捷步（Zappos）發明的，亞馬遜物流中心仿效此做法。這制度相當簡單，我們每年提供一次機會，付錢給自願離職的員工。第一年提供的離職金是兩千美元，年資增加一年，可多拿一千美元，最高給予五千美元。但此方案的標題是：「請別接受這提議」，我們希望他們別接受這提議，我們希望他們留下來。為什麼要推出這專案呢？目的是鼓勵員工花點時間思考他們真正想要什麼。長期來看，員工勉強留在他們不想待的地方，對員工本身或公司都無益。

——二〇一三年貝佐斯致股東信

不要求方式都獲得一致贊同。為此，亞馬遜要求包括貝佐斯在內的所有員工奉行

「不贊同，但執行」準則。縱使非所有人都贊同一項決策，但不贊同的人仍然有可能加入行列，一起朝向相同目標努力，所有人有共同目標：做對顧客最有益的事。

貝佐斯在二〇一六年致股東信中提到，他對於亞馬遜影視工作室（Amazon Studios）的一個原創劇提案並不是很有信心，部分是因為他本身對此的興趣程度，部分是因為其商業條款不夠好。他在信中寫道：

> 但他們有完全不同的看法，想要把這原創劇付諸執行。我馬上回覆：「我不贊同，但執行，希望它能成為我們製作的作品中最多人觀看的一部。」試想，若該團隊必須等到完全說服我，而非只是取得我的信諾的話，這決策流程將會被減緩多久啊。

顧客也能感受自己是業主：亞馬遜微笑專案

我和我太太在高中時代透過「年輕生命」（Young Life）這個青少年宗教組織結識彼此，多年來，我們持續在財務上支持這個組織，不久前，才剛結束援助殘障與心智發展遲緩年輕人的年輕生命迦百農理事會（Board of Young Life Capernaum）的輪職任務。得知亞馬遜推出「亞馬遜微笑專案」（Amazon Smile）時，我們都很高興。該專案是：加入這活動，亞馬遜將把你在亞馬遜網站購物的每筆金額的一小比例捐給你指定的慈善組織。我們選擇透過我們在亞馬遜微笑專頁的購買，支持「年輕生命」這個組織。

由於我們兩人分別有一個亞馬遜帳戶，所以，我們展開了一個小競賽，看誰透過購買，捐出更多錢。（我猜，她會贏。）

> 我們在二〇一三年推出亞馬遜微笑專案，讓顧客可以在每次購物的同時，支持他們喜歡的慈善組織。當你在「smile.amazon.com」購物時，亞馬遜將把你的每筆購買金額的一個比例捐給你選擇支持的慈善組織。「smile.amazon.com」網頁內容和「Amazon.com」網頁一模一樣——相同的品項選擇、價格、

運送選擇、可享尊榮會員服務的品項等，就連你的購物車和願望清單都保持不變。可供選擇支持的慈善組織，除了意料之中的那些全國性大型慈善組織，你也可以指定你居住當地的兒童醫院、你的學校的家長教師聯誼會，或幾乎任何你喜歡的公益行動。目前已有近一百萬個慈善組織可供選擇，我希望你在這名單上找到你喜歡的。

——二〇一三年貝佐斯致股東信

能夠支持我們選擇的慈善組織，非常有助於增進我們對亞馬遜的認同感。我們未持有該公司的股票（早年沒買，現在買不起，後見之明有啥用），但我們花費的錢中有一部分捐給我們支持的公益行動，這使我們覺得自己做出了貢獻。

這是業主精神嗎？或許有人覺得是，有人覺得不是。但這會不會使我們感覺像是和亞馬遜一起行善呢？絕對會。

想一想你能怎麼應用

倡導業主精神

思考問題 1：你是否以任何的公司「業主權」形式（包括獲利或成長的一個份額）做為對員工的薪酬？

思考問題 2：你是否經常向你的團隊成員溝通事業的短期目標與長期目標？

思考問題 3：你的公司是否有獎勵（或阻礙）措施。獎勵（或阻礙）員工改善或解決他們所屬部門或職責範圍之外的業務領域？

請上「TheBezosLetters.com」，取得更多資源。

成長循環：規模化

維護你的文化

聚焦於高標準

評量重要的東西，
質疑你評量的東西，
信賴你的直覺

永遠保持
「第一天」心態

對亞馬遜而言，規模化就是在不犧牲你的價值觀之下，達成巨大成長。這需要創造及維持一個創新文化——願意為了服務顧客而冒險的文化。

在不犧牲價值觀之下追求規模化，必須堅定聚焦於維持高標準，不為了達成更高的獲利力而犧牲品質。此外，你必須只評量重要的東西，並且持續質疑你的評量，以確保你總是聚焦於正確的評量指標，但在過程中不忽視你的直覺。

最後，你必須永遠保持「第一天」心態，在做決策時，彷彿這是你的事業營運的第一天，保持熱情和聚焦於顧客；保持精實、專注，牢記「第一天」時重要的那些東西，現在依然重要。

規模化使亞馬遜得以走完整圈成長循環，回到原點，利用它的成功，再次展開另一項產品／服務的測試流程。

11 法則 11：維護你的文化

……我們致力於為顧客建造重要、有價值的東西。

——一九九七年貝佐斯致股東信

我們絕不聲稱我們的方法是正確的，它只不過是我們的方法，過去二十年，我們已經集合了一大群志同道合的工作夥伴，他們覺得我們的方法有活力、有意義。

——二〇一五年貝佐斯致股東信

我們挑戰自己不僅要發明對外提供的功能，也要找出更好的內部做事方法──使我們提升成效且讓我們全球各地數十萬員工受益的方法。

──二〇一三年貝佐斯致股東信

關於在亞馬遜公司工作的情形，報導很多，大致呈現鐘形的常態分配──有些人喜歡在這公司工作，有些人討厭，多數人介於中間。

不過，外界對於亞馬遜的文化，有些有趣的檢視。這裡舉兩個例子，其一是領英公司（LinkedIn）的調查，其二是《華爾街日報》和杜拉克研究所（Drucker Institute）合作的評比；前者檢視員工整體滿意度及留任率，後者評價公司的整體管理績效。

領英公司評選的二〇一九年最具吸引力公司（2019 LinkedIn Top Companies），列出美國人最想進入及留任的五十家公司，前三名是Alphabet（即Google母公司）、臉書及亞馬遜。

領英公司在公布這份名單時指出：「我們的編輯和資料科學家每年分析全球各地領英會員的無數行動，從中發掘最吸引求職者注意及最能留住人才的公司。這個資料導向方法檢視領英會員們在尋找滿意的工作時採取的行動，而非只看他們說什麼。」[29]

《華爾街日報》刊登它和杜拉克研究所合作評比的年度管理成效最佳的前二百五十名美國上市公司，此評比使用五個績效領域的三十七種指標：顧客滿意度、員工敬業度與發展、創新、社會責任、財務強度。這些領域及指標代表了一生撰寫超過三十本商管書籍的管理大師彼得・杜拉克（Peter Drucker）對於企業經營管理的核心價值觀。

二〇一七年時，亞馬遜在這份排行榜上名列第一，二〇一八年時名列第二，僅次於蘋果公司。亞馬遜在創新這個領域的得分甩開所有公司一大截。

從只有幾名員工，成長到員工超過六十萬人、且持續成長中，亞馬遜如何維護其文化呢？該公司採取許多行動來維護其文化，這其中有兩件特別顯著：注重個人領導人；聚焦於持續不斷地追求成長。

貝佐斯在其致股東信中一再提醒所有人，永遠保持「第一天」心態。二〇一八年，在南美以美大學小布希總統中心舉行的領導力論壇「與貝佐斯談話」中，被問到有關於「第一天」（在亞馬遜展現指數型成長、有超過六十萬名員工、且持續成長之下）時，貝佐斯立刻重新架構這個提問：

對我而言，真正重要的問題是：你如何保持「第一天」文化？擁有亞馬遜這樣的規模，自然很好。在這麼大的規模下，我們有財務資源，有很多優秀人才，我們可以成就很多優異之事，我們有全球範疇，我們在世界各地營運。但是，這麼大的規模也有壞處，你可能喪失你的敏捷力，你可能喪失你的創業精神，你可能喪失小公司常有的勇氣。所以，若你能兼具兩者，你能夠在享有規模與範疇的所有好處的同時，也保有創業精神及勇氣，想想這將使你能夠成就什麼。

所以，問題在於你如何能夠做到兼具兩者？能夠規模化是好事，因為它使得一個壯碩的拳擊手能夠承受頭部被打一拳，可是，你也想要能夠躲開那些揮過來的猛拳啊，所以，你希望敏捷，你希望既壯碩、又敏捷。我發現，有很多做法可以保持「第一天」心態，我已經花了好些時間在這其中之一的工夫上，那就是以顧客為念，我認為這是最重要的事。

你成長得愈大，就愈難做到這個。當你還是小公司時，比如你是一家只有十名員工的新創公司，公司裡的每個人都會聚焦於顧客。當你變成更大的公司時，你有中階經理，有組織層級，有那些非前線員工，他們沒有天天和顧客互動，他們沒有和顧客接觸，他們不是直接地管理顧客滿意度，他們透過指標和流程來管理，這其中有些可能變得很官僚，這就很麻煩了。

這其中之一是決策速度變慢，我認為，原因之一是，大公司裡的初級主管開始把所有決策當成重量級、不可逆轉、有高度後果的決策。其實，有很多決策就像雙向門，你做出決策，若是個錯誤的決策，你可以穿過這雙向門，回到原處，再次嘗試。可是，就連這類決策也可以藉由重量級流程來做出。

所以，你可以教導人們有關於這些陷阱，教他們如何避開這些陷阱。在亞馬遜，我們就嘗試這麼做，好讓我們儘管已經達到大公司的規模與範疇，仍然能夠保持我們的發明力、勇氣，以及小公司的精神。

亞馬遜透過「亞馬遜領導準則」來提醒員工何謂「第一天」，這些準則是亞馬遜對包括貝佐斯在內的全體員工的期望，它們定義所有員工該如何對待彼此，也定義每個員工該如何對待亞馬遜的事業夥伴及顧客。

在亞馬遜整個組織中都能感受到該公司的「第一天」文化與心態，透過貝佐斯寫給股東的信，從亞馬遜在市場上的操作方式，以及透過「亞馬遜領導準則」，也都可以觀察到這種文化與心態。

十四條亞馬遜領導準則

我們天天使用我們的領導力準則，不論是討論新專案的感想時，或是決定解決一個問題的最佳方法時。這是使亞馬遜這家公司特別的元素之一。[30]（注：特別——peculiar，這是貝佐斯和大多數亞馬遜人使用的一個詞彙。）

以顧客為念：領導者首先考慮顧客，再往回推。他們積極致力於贏得並保持顧客的信賴。雖然，領導者注意競爭者，但他們以顧客為念。

業主精神：領導者是業主，他們思考長期，不為了短期成果而犧牲長期價值。他們代表整個公司，而非只代表自己的團隊。他們從不說：「那不是我的工作」。

發明與簡化：領導者期望並要求團隊創新與發明，並且總是尋求方法化繁為簡。他們留意外界，尋找來自各處的新點子，不受縛於「非我發明」（not invented here）的心態。我們做新事物時，要了解並接受可能在很長一段時間被誤解。

領導者經常是對的：領導者經常是對的，他們有優秀的判斷力和直覺，他們尋求各方觀點，試試能否推翻他們的看法。

學習與好奇心：領導者從不停止學習，總是尋求改進自己。他們對新的可能性感到好奇，並採取行動，進行探索。

雇用並培育最佳人才：領導者在雇用與晉陞每一個人時，提高資格與績效門檻。領導者辨識傑出人才，並且願意在組織中升遷他們。領導者培育領導者，認真扮演指導他人的角色。我們為我們的員工建立各種發展機制，例如「職業選擇」（Career Choice）方案。

堅持最高標準：領導者堅持高標準，雖然，許多人可能認為這些標準高得離譜。領導者持續提高門檻，驅使他們的團隊提供高水準的產品、服務與流程。領導者確保瑕疵品不往下線送，解決問題，以保持牢靠。

胸懷大志：小格局思維是一種自我應驗預言，領導者擘畫並溝通一個激勵人們的宏大方向。他們有不同的思考，環顧四周，尋求服務顧客的方法。

崇尚行動：在商界，速度很重要，許多決策和行動是可以逆轉的，不需要大量廣泛的研究，我們重視有謀畫的冒險。

節儉：用更少達成更多，限制可以滋生足智多謀、自給自足與發明。增加人員、預算規模，或固定支出，不會加分。

贏得信賴：領導者仔細傾聽，坦率直言，尊重待人。他們出聲自我批評，縱使這麼做可能困窘或難堪。領導者不認為他們或他們的團隊的體味是香的，他們自我審視，他們要求自己及他們的團隊以最優者做為標竿。

深入探究：領導者在所有層次運作，保持對細節的了解，經常稽查，當數據和軼事（anecdote）資訊不一致時，抱持懷疑。領導者絕不鄙視任何工作，沒有任何工作是他們不能放下身段去做的。

敢於質疑；不贊同，但執行：當不贊同他人的決策時，領導者必須尊重地提出質疑，縱使這麼做令人感到不自在或精疲力竭。領導者有信念與堅持，他們不會為了社會凝聚力而妥協讓步。一旦做出了決策，他們就全力以赴。

交出成果：領導者聚焦於他們的業務的投入要素，並且有效率地交出好水準的成果。縱使遭遇挫折，他們仍然挺身而出，絕不妥協罷休。

向內創新：建立與維持員工團隊的方法

亞馬遜建立其員工團隊的方式是該公司的一大創新領域，貝佐斯稱之為「向內創新」（inward innovations）。以下三項向內創新可資例示亞馬遜的人力文化：職業選擇，離職金，虛擬接洽中心（Virtual Contact Center）。

在員工的持續教育方面，亞馬遜也走在前沿，推出「**職業選擇**」方案，為員工預付九五％的學費，讓他們去上就業市場高需求行業的課程，例如飛機機械工、護理人員，不管他們研修的技能是否和亞馬遜內部的職業有關。

有些員工把亞馬遜視為他們的長期職業選擇，但亞馬遜知道，亞馬遜可能是一些員工的職涯跳板，未來想轉向別的工作，那新工作可能需要新技能，亞馬遜很願意幫助他們取得那些技能，縱使亞馬遜做出的教育投資，蒙益的是別家公司。

雖然，亞馬遜願意為其他公司訓練未來員工，這聽起來是一種利他行為，但這方案也使亞馬遜本身獲得了一個附帶好處。確切地說，若員工不想繼續待在亞馬遜，他們有技能可以另覓工作，不需為了餬口而勉強續留。若員工想利用此方案，他們在亞馬遜就會努力工作，表現良好，以免失去獲得這個由公司支付絕大部分培訓費用的大好機會。

這是建立堅實的員工團隊的一種創新方法，雖然是有點反直覺的方法。

「**離職金**」是另一個反直覺的方案，雖然，此方案源於亞馬遜收購的捷步公司，貝佐斯認為這是建立堅實的員工團隊的一種好方法。他在二〇一三年致股東信中寫道：

> 目的是鼓勵員工花點時間思考他們真正想要什麼。長期來看，員工勉強留在他們不想待的地方，對員工本身或公司都無益。

虛擬接洽中心讓員工可以在家為一些產品提供客服支援，貝佐斯在二〇一三年致股東信中寫道：

> 這種彈性方案對許多員工來說很理想，因為他們可能有小孩要照料，或是有別的原因，需要或偏好在家中工作。

這些向內創新使亞馬遜能夠建立一支堅實的員工團隊，充滿想留在該公司、而非不得不續留下來的員工。

記得「早年」的益處

一九九五年時，亞馬遜只有五名員工，幾乎所有事情，貝佐斯都得想出創意解方。他向父母借了三十萬美元，每一分錢都得精打細算。

這個羽翼未豐的事業，員工需要辦公桌，貝佐斯去附近的家得寶（Home Depot）逛時發現，把實心平面木門拿來裝上桌腳充當辦公桌，比購買辦公桌更便宜。四根截面為四吋乘四吋粗的木條當桌腳，用鑲接片和幾顆螺絲，把木條和木門鑲接起來，瞧！貝佐斯製成了一張亞馬遜的「門板桌」（door desk）！（有興趣的話，你可以去亞馬遜公司的部落格看看，那裡有「門板桌」製作指南。）[31]

雖然，在華路藍縷的一九九五年，使用「門板桌」是節儉的必要，但時至今日，亞馬遜的員工仍然使用「門板桌」，只不過比一九九五年使用的那些權宜版更摩登些。這些摩登版的「門板桌」是向當年的克勤克儉致敬，也提醒坐在「門板桌」前的每個員工，永遠保持「第一天」心態。（貝佐斯現在仍然使用一張「門板桌」，但這張是摩登版，顯然，經過二十多年，原來的那張已經不堪使用了。）

亞馬遜最早的員工之一尼可・洛弗喬（Nico Lovejoy）在該公司的部落格（毫不意外，

這部落格的名稱就是「Day One」）裡，如此敘述「門板桌」代表的意義：「我認為它代表足智多謀、創造力與奇特，以及願意走自己的路。」[32]

在亞馬遜看來，節省不只是為了競爭而已，該公司在亞馬遜領導準則之一「節儉」中這麼闡釋：「限制可以滋生足智多謀、自給自足與發明」。

一九九九年，在哥倫比亞廣播公司（CBS）的《六十分鐘》（*60 Minutes*）節目中，接受記者鮑伯．西蒙（Bob Simon）訪談時，貝佐斯把節儉和他的第一法則「首先考慮顧客的需要」關聯起來，他說：「這象徵把錢花在對顧客而言重要的東西上頭，不把錢花在對顧客不重要的東西上頭。」[33]

時至今日，亞馬遜仍然設置了一個「門板桌獎」（Door Desk Award），頒發給想出點子，為公司做出顯著節省、為顧客降低價格的員工。

醒目地提醒員工「第一天」心態的，不光是公司部落格的名稱及「門板桌」而已。亞馬遜的西雅圖總部擴建大樓時，貝佐斯把其中一棟大樓命名為「Day 1」，還在牆上加了一個標語牌，[34]提醒進入大樓的每一個人，他在一九九七年致股東信中提到的創建第一天理念：

還有太多東西有待發明，還有太多新事物將發生，我們還不清楚網際網路將帶來多大的影響，現在仍然是徹徹底底的第一天。

這些處處可見及一再的重複，或許微妙、甚或令人覺得傻氣，但多數企業主知道，在形成公司文化及影響員工行為方面，「重複」非常重要。比起向亞馬遜的公司史致敬，這些醒目的「第一天心態」提示更能發揮作用，它們醒目地引人注意，亞馬遜的公司文化重視什麼。

亞馬遜也提供機會讓員工彼此及對外人討論「第一天」的含義。不知情的人第一次來到亞馬遜公司時，可能會疑問為何這麼多亞馬遜人使用門板當辦公桌；新供應商來到「Day 1」大樓，可能會詢問為何這大樓取這個名稱，或是詢問有關於牆上的標語牌內容。每當有員工、供應商、投資人或訪客提出這類疑問時，就是回答者腦海裡再次強化「第一天心態」的一個機會。

我們全都能夠創造自己的視覺提示，把我們的部分歷史融入我們的團隊成員天天使用的東西裡。不論使用怎樣的做法，那些提示有助於培養一種文化——就像尼可・洛弗喬所描述的那種文化：足智多謀，創造力，及奇特，以及願意走自己的路。

「門板桌」也可以做為創新的一個象徵，以及提醒不只要節儉，還要有創意。

我和一些前亞馬遜人交談過，從中洞察到亞馬遜的文化特色之一是，幾乎任何員工都可以向其經理提出點子，若這點子夠好，就會核准付諸實驗以驗證。若實驗發現這點子有效，就會在整個單位、團隊或事業部門實行。亞馬遜的文化是人人都有機會創新，並看到創新被實行。

跟任何公司一樣，我們有自己的企業文化，這文化不僅由我們的意圖形成，也是歷史的結果。以亞馬遜來說，這歷史還相當短，但幸運的是，它包含了幾個小種子長成為大樹的例子。我們公司裡有許多人目睹一些一千萬美元的種子成長為十億美元的事業，在我看來，這種親身經歷，以及在那些成功歷程中形成的文化，是我們能夠從無到有地開創種種事業的一大原因。我們的文化要求這些新事業有高潛力、創新且差異化，但不要求它們在誕生的那天就很大。

——二〇〇六年貝佐斯致股東信

在《華爾街日報》和杜拉克研究所合作的評比中，亞馬遜在創新領域的得分居冠，其原因之一是該公司側重組成小團隊，利用小團隊合作的創造力。貝佐斯不喜歡大而冗長的會議，也不喜歡大團隊。當絕對需要開會時，他有一個提高生產力的原則，他稱之為「兩個披薩」原則：與會人數必須控制在兩個披薩夠吃的範圍內。

反觀其他大公司，他們使用的是更形科層的架構，往往窒礙創造力及創新。兩相比較，很容易看出何以亞馬遜總是在創新領域的績效排名中掄元。

所以，亞馬遜如何從只有貝佐斯和幾名軟體開發工程師，成長到有六十四萬七千五百名員工，同時繼續保持他們的「特別」文化？

我認為，最重要的原因之一是，他們努力刻意別讓成功沖昏頭。如同我在本書開頭時所言，亞馬遜不是一家完美的公司，但他們顯然把一些事情做對了。

他們透過種種做法來維護他們的文化：他們讓每個員工（不管是前線員工或高階主管）奉行「亞馬遜領導準則」；他們有許多暗示與提醒幫助員工記得聚焦於貝佐斯的最高價值觀——以顧客為念。

縱使營收達到千億美元，他們仍繼續創新，因為為了企業的長期成長，你必須保持一個信諾於其價值觀、而非只是重視財務績效的文化。

想一想你能怎麼應用

維護你的文化

思考問題１：你能清楚地說出你的公司文化是什麼嗎？

思考問題２：若你詢問你的員工上述問題，他們的回答跟你的回答相同嗎？

思考問題３：你可以採取什麼做法來強化自身公司文化的要素？

請上「TheBezosLetters.com」，取得更多資源。

12 — 法則 12：聚焦於高標準

建立一個高標準文化，所花費的工夫非常值得，而且有很多益處。自然且最明顯的益處是，高標準使你為顧客打造更好的產品與服務，光是這個理由就已經夠了！或許，另一個稍不那麼明顯的益處是：人們受到高標準吸引，高標準有助於招募和留住人才。還有一個較微妙難察的益處：高標準文化可以保護公司裡所有「無形的」、但重要的工作，我指的是那些沒人看得見的工作，那些在沒人看著的情況下執行與完成的工作。在一個高標準文化中，把這種沒人看到的工作做好，它本身就是一種回報——這是專業的含義之一。

——二〇一七年貝佐斯致股東信

在商界，有句老生常談的話：「若你認為聘用一個內行的專業者很昂貴的話，等你雇用一個外行人後，再來說專業者貴不貴吧。」

這句話出自何人，眾說紛紜，但卻是個至理。當公司擴大規模時，投資於高標準絕非奢侈，而是必要，高標準是為了你的事業擴大規模所需做出的投資。想想下列情況：

- 需要十個人組裝產品？完成的速度等於作業速度最慢者的速度。
- 在你的組織，注意細節很重要嗎？你將因為必須修正最不注意細節的團隊成員所犯的錯誤而被拖累。
- 你想遞送高品質的產品嗎？若產品品質不如人們期望，負評可能帶來災難。

對你的人員及產品做出高標準投資，可以使你快速前進，擴大規模。快速且準確的工作者使你賣更多產品，認真細心的員工使你投入於修正錯誤的資源減少，高品質的組件降低退貨率、負評與客服需求。

基於這些理由，若你想和亞馬遜做生意，你得有心理準備，亞馬遜將對你端出高標準要求。下文舉兩個著名的亞馬遜高標準例子，一個是應徵亞馬遜的工作，另一個是和亞馬遜做生意的第三方。

「抬杆者」和亞馬遜的工作應徵者

若你有機會去面試亞馬遜的一個職務，你得有心理準備，面試流程不只聚焦於你的工作史或教育背景，也聚焦於高標準。還有，你的面試官可能不同於你習慣在面試時遇到的那種人，這其中包括亞馬遜稱之為「抬杆者」（Bar Raisers）的面試官。抬杆者是該公司精心挑選的一批人，他們有以很高的標準招募人員的成功經驗，也受過專業訓練。

亞馬遜的面試流程通常有至少一位抬杆者在場（尤其是面試主管級職務時），抬杆者有無人能推翻的否決權，包括貝佐斯或招募經理都不能推翻抬杆者刷掉應徵者的決定。也就是說，在有抬杆者參與的面試中，拿不下抬杆者這一票，你就不會被錄用。

貝佐斯在一九九七年致股東信中寫道：

在這裡工作可不容易（面試應徵者時，我告訴他們：「你可以工作時間長，或勤奮努力，或聰敏，但在亞馬遜，你不能三者擇其二，必須三者皆具」），但我們致力於為顧客建造重要、有價值的東西，是我們可以驕傲地向孫輩述說的東西，這樣的工作自然不容易。擁有如此敬業、用犧牲與熱情來建造亞馬遜的員工團隊，我們何其有幸。

亞馬遜投資於使用高標準招募人才的方式，並非只有抬杆者，該公司招募人才的另一種高標準方法是，要求所有面試官在做出最終決定前思考三個問題。貝佐斯在一九九八年致股東信中寫道：

努力工作，玩得開心，創造歷史

在網際網路如此動態的環境中，若沒有傑出人才，不可能產生成果。想創造一點歷史，應該不是件容易的事，呵，我們發現，確實不容易！我們現在有兩千一百名聰敏、賣力、熱情、把顧客擺在第一位的員工。在我們的人員招募方法中訂定高門檻是、未來也將一直是亞馬遜成功的最重要元素。

我們要求我們的面試官在招募會議中做出最終決定前思考三個問題：

- **你欣賞這個人嗎？**想想你生活中欣賞的那些人，他們大概是你能夠學習的對象，或是你效法的榜樣。拿我本身來說吧，我向來力求只和我欣賞的人共事，我鼓勵我們的同仁也跟我一樣地高要求，人生苦短，別朝反向走啊。
- **這個人進入團隊後，能提高團隊的平均效能水準嗎？**我們想要抗熵，門檻就必須持續提高。我請大家想像五年後的公司模樣，到那時候，我們應該要能夠環顧四周，說：「我們現在的標準這麼高，啊，我真慶幸自己更早進入公司！」
- **這個人可能在什麼層面成為超級明星？**許多人有獨特的技能、興趣與觀點，能夠豐富我們所有人的工作環境，這些往往跟他們本身的職務無關。我們公司裡有個人是全美拼字比賽冠軍（我記得應該是一九七八年），我想這對她每天的工作應該沒什麼幫助，但若你能偶爾在公司抓住她，考考她：「onomatopoeia」，這會使在這裡工作變得更有趣！（譯注：onomatopoeia 是一個光聽發音，很難正確拼字的詞彙。）

許多人能夠感覺出他們不欣賞某人，這有時被稱為一種直覺——直覺這個人合適。但是，有多少人會如此刻意去思考這問題呢？

至於第二個問題，此人加入團隊後，能否提高團隊的平均效能水準？這個問題迫使你不錄用一個低於平均水準的人，因為他們無法提高團隊的平均效能水準。

第三個問題，此人可能會是某個層面的超級明星嗎？尋找此人可以被視為超級明星的層面，這迫使面試官去尋找高成就的特質。辨識超級明星的特質，也幫助團隊安排這新進人員最容易成功的職務。

抬杆者和前述思考問題幫助亞馬遜持續提高每個新員工的門檻，形成一個只有 A 咖才能過關的制度。這點很重要，因為真正的 A 咖不僅表現佳，也想要和其他 A 咖共事。他們不會覺得受到其他高效能者的威脅，他們想和其他高效能者共事，因為這可以幫助整個團隊達到更高、更好的成就。和 B 咖或 C 咖共事，會令 A 咖感到非常沮喪，因為 B 咖和 C 咖經常減緩速度或犯錯。

另一方面，B咖通常害怕和A咖共事，因為A咖使他們的表現顯得更差，這也是B咖通常會雇用C咖或水準更低者的原因。

為維持組織的高標準，你必須在招募人員時堅持高標準要求，否則將發生瀑布效應……一旦降低門檻，你錄用的這些人將進一步降低門檻，如此循環下去。這向下沉淪的螺旋將持續，直到你的公司變成平庸，不再維持高標準。

亞馬遜以高要求的工作環境聞名，這是一個能夠挑戰最優秀員工的公司，有時甚至對A咖太嚴苛。但是，A咖組成的團隊使高要求的環境變得不那麼吃力，因為每個A咖可以聚焦於他們的工作，信賴其他的A咖也會把自己的工作做好，提供可靠的支援。高標準將一直是亞馬遜的核心，至少，在貝佐斯執掌之下的亞馬遜是如此。

> **亞馬遜領導準則——堅持最高標準**：領導者堅持高標準，雖然，許多人可能認為這些標準高得離譜。領導者持續提高門檻，驅使他們的團隊提供高水準的產品、服務與流程。領導者確保瑕疵品不往下線送，解決問題，以保持牢靠。

亞馬遜網站上有關於如何進行亞馬遜面試的資訊，[35] 該網站上說：

我們的面試主要是行為型提問，詢問你曾經遭遇的情況或挑戰，以及你如何應對與處理，我們使用「亞馬遜領導準則」做為面談指引。我們的面試流程中避免智力題（例如：「曼哈頓有多少窗戶？」），我們研究過這種方法，發現那類問題不能可靠地預測應徵者能否在亞馬遜勝任與成功。

以下是一些行為型提問的例子：

■ 請告訴我你曾經面臨一個有多種可能解方的問題的經驗，這問題是什麼，你如何決定採取什麼行動？你抉擇的結果如何？
■ 請敘述你冒險、犯錯或失敗的經驗，你如何反應？你如何從那經驗中成長？
■ 請敘述你領導一專案的經驗。
■ 當你需要激勵一群個人或促進人們為一項專案通力合作時，你如何做？
■ 你曾經如何利用資料來研擬策略？

切記，亞馬遜是個資料導向的公司，回答問題時，你應該聚焦於被詢問的問題，你的回答必須結構得當，可以的話，提出使用數據或資料的例子，盡可能提供最近的情況做為參考。

不消說，為了有高標準，你必須知道你的標準是什麼，亞馬遜很清楚他們的標準是什麼。亞馬遜並不是一開始就有一份完整的「領導準則」，他們先是有幾條準則，伴隨公司成長，增加準則。在面試應徵者，評量他們是否合適你的公司之前，你必須有一個可供比較的標竿，並且知道你在評量什麼。

開放型問題——像亞馬遜學會提問的那類問題，非常有幫助，但若你不知道你想評估什麼的話，這類提問可能毫無幫助，甚至導致困難。你的重點並非只是提出開放型、刺激的問題，而是要了解這個應徵者是否合適你的事業或組織，能否在你的事業或組織中有優異表現。

投資於維持對第三方事業夥伴的高標準

亞馬遜在二〇一八年夏季宣布，為創業者提供一個一年賺取高達三十萬美元的機會：創立為亞馬遜送貨的事業。只需一萬美元的初始投資，你就可以創立一個事業，做為亞馬遜的送貨司機，亞馬遜為你提供取得最優惠價格的貨車及保險的管道，也提供穩定的包裹量讓你遞送，以及讓你經營習慣而熟悉的特定路線。36

這麼好康的事，顯然不單純，有什麼內情嗎？

不單純之處是：並非人人都能維持亞馬遜對第三方事業夥伴的高標準要求。雖然，這商業模式的財務報酬對送貨司機而言很誘人，亞馬遜明示，這機會需要相當的努力。來看看亞馬遜對應徵者列出的四項要求條件。

第一，它要求：「以顧客為念：首先考慮顧客，再往回推。」（聽起來很熟悉，對吧？）

第二，它要求具備優良的領導技巧：「領導：你喜愛人們！你擅長領導及留住一支司機團隊。」換言之，亞馬遜尋求的是想要成長的人，不是只想要一份工作的司機。

第三，司機必須「交出成果：你的樂觀進取態度激勵你的團隊去處理勞力密集型的送貨工作，不畏挑戰」。這是一份辛苦、勞力密集、富挑戰性的工作。

第四，必須「有韌性：你能夠應付快步調、恆常變化的事業固有的不明確性」。許多人應付不了快步調、恆常變化的事業固有的不明確性，若你是這樣的人，亞馬遜不希望你應徵。

拿此相較於優步或來福車（Lyft）招攬司機時的推銷詞。例如，優步推銷的是彈性及快速取得酬勞；[37] 來福車的推銷訊息相似：「你的唯一老闆是你本身，你可以自己決定在何處、何時與如何賺錢——上班途中，或你的女兒上課的時段，或是晚上下課之後。」[38] 這些大大不同於亞馬遜招攬潛在司機時強調的訊息：以顧客為念，領導技巧，韌性。

亞馬遜做出此宣布的幾個月後，全美各地有數百個新事業創立，雇用了數千名司機為亞馬遜遞送包裹。

對非亞馬遜人的高標準

亞馬遜對使用亞馬遜市集的第三方賣家也有高標準要求，網路上流傳很多第三方賣家因為未達亞馬遜的高標準要求而被逐出此平台的故事。來看看亞馬遜對其標準的說明：

亞馬遜執著於盡可能為我們的顧客提供最好的購物體驗。自設店以來，我們確保優異顧客體驗的方法之一，是直接向品牌進貨，在我們自己的商店裡銷售給顧客。為維持這種顧客體驗，我們可能選擇向一些品牌進貨，只由亞馬遜直接銷售，其他品牌可以在亞馬遜商店設店自營，但前提是他們能夠一貫地維持我們要求的顧客體驗水準。但是，為防止顧客困惑，凡是由亞馬遜直接銷售的品牌產品，該品牌不得在亞馬遜設店自營。

我們以多種方式來衡量顧客體驗，包括高現貨率、遞送體驗、價格競爭力、選項範圍。我們提供幾種工具和服務，幫助你符合我們要求的標準，在亞馬遜商店成功營運，包括存貨管理及自動化訂價工具、物流服務如亞馬遜物流服務（FBA），以及發展和保護你的品牌的服務如「品牌註冊」（Brand Registry）。

若你無法維持我們的顧客體驗標準，你可能會喪失在亞馬遜設店營運的一些權益（包括你的產品與服務不能刊登於產品細節說明頁面），或者，你可能完全喪失在亞馬遜設店自營的機會，在這種情況下，你仍然可以供應你的產品給亞馬遜，由我們直接對我們的顧客銷售。[39]

換言之，若你想在亞馬遜網站上銷售，你必須維持相同於亞馬遜期望本身的交易做到的高標準。若你無法以亞馬遜要求其員工的尊重待客水準來對待顧客，你的品項很可能被移除，你甚至可能被完全逐出平台。你也看到亞馬遜投資於幾項工具，幫助第三方賣家維持那些高標準。例如亞馬遜物流服務——交由亞馬遜出貨，確保以其高標準處理訂單。

從許多方面來看，亞馬遜對第三方賣家的投資相似於管理加盟商以維護品牌標準的方式。進入任何一家福來雞餐廳（Chick-fil-A）時，你可以預期將受到服務員的微笑歡迎，吃到相同品質的食物，你的每一句「謝謝」都會收到「別客氣，我的榮幸」（my pleasure）的回應。當加盟授權商要求加盟商購買他們的中央廚房供應的醬汁、漢堡與新鮮薯條時，這有助於確保提供一致的顧客體驗，當顧客走進一家加盟店或類似模式的商店時，他們知道可以期望什麼，若體驗變差，授權商總部有方法執行規定，或對個別商家祭出處罰。

亞馬遜希望第三方賣家的顧客也獲得相同的好體驗，當顧客在亞馬遜網站購物時，亞馬遜希望他們的體驗是一致且愉快的。亞馬遜也投資於相似的規定及工具，以做到一貫的高水準顧客體驗。

如何在你的公司投資於高標準

你的公司的成功程度，取決於它維持的標準程度。若你的顧客體驗不一貫，你將永遠無法擴大規模。若你的顧客體驗經常很糟糕，你將永遠無法擴大規模。唯有在你的顧客體驗一貫優良之下，你才能擴大規模。

亞馬遜以全面的方法來投資於高標準，首先是定義亞馬遜想提供的顧客體驗標準，然後要求涉及顧客體驗的每一個人做到這些標準。此外，該公司投資時間及金錢於持續改進，例如要求面試官評估應徵者能否提高他（她）加入的團隊的平均水準。

在你的公司投資於高標準時，首先應該定義你想要做到怎樣的顧客體驗，接著思考你的顧客面對的人員、產品與服務是否達到這些水準，若沒有，你的不足之處是什麼？你是否需要投資於改善產品品質？你是否需要投資於更嚴格的人員招募流程？你是否需要對你的供應商做出更多要求？

你的公司在市場上未必有相同於亞馬遜的影響力，但任何公司都能夠持續改善顧客體驗。舉例而言，若你的公司是個小企業，你或許不能像亞馬遜那樣去要求一個大製造商為你改變，但你可以找別的廠商，或許是一家規模較小的製造商，但更在意你的生意，願意做到較高品質。

建立一個高標準文化，有助於企業繼續保持像新創公司般思考。一旦你偏離你的高標準，你就會開始減緩速度，開始苦惱於變成一家「第二天」（Day 2）心態的公司。

第二天（Day 2）意味著停滯，繼而變得無足輕重，繼而極痛苦的衰退，最終就是死亡。這就是為什麼我總是強調要保持第一天（Day 1）心態的原因。

——二〇一六年貝佐斯致股東信

想一想你能怎麼應用

聚焦於高標準

思考問題1：你公司表現最優、極度成功的員工有哪三項或四項重要特質？

思考問題2：你（和你的招募經理）是否在招募流程中聚焦於這些特質？

思考問題3：在你的公司，誰負責品管，他們做得如何？

請上「TheBezosLetters.com」，取得更多資源。

13

法則13：評量重要的東西，質疑你評量的東西，信賴你的直覺

在亞馬遜，我們的許多重要決策可以根據資料來做出，這些決策有正確答案或錯誤答案，有較好的答案或較差的答案，**數學會幫助我們分辨**。我們最喜歡的是這類決策。

——二〇〇五年貝佐斯致股東信

數學導向的決策很容易獲得廣泛贊同，**判斷導向的決策自然容易引發辯論**，且往往具有爭議性，至少，在付諸實行及獲得證明之前是如此。不願意

忍受爭議的組織，就必須侷限於第一種數學導向的決策，但在我們看來，這麼做不僅侷限爭議，也會明顯侷限創新和長期價值的創造。

——二〇〇五年貝佐斯致股東信

……在商業界……漫遊固然是欠缺效率的行為，但也不是任意隨便，漫無目的，而是讓預感、膽識、直覺與好奇心引導，並且由一種深切的信念驅動，深信這對顧客的價值夠大，值得我們稍稍混亂與偏離，去尋找通往那裡的途徑。

——二〇一八年貝佐斯致股東信

評量、分析和數據，這些在貝佐斯看來是很重要的東西，突出的評量很多，但對貝佐斯而言，兩個評量最為重要：資料和金錢。

多數企業知道他們必須評量，並使用分析來了解事業的營運狀況，貝佐斯不同於多數企業的觀點是，他認為也必須評估軼事（anecdotal）資訊，以確保不會被資料和分析誤導。也就是說，你評量的資料可能正確，但萬一你評量的是不正確的東西，你將不會獲得你需要的資訊。

評量並非只關乎財務資料

在亞馬遜，資料左右一切，幾乎所有營運性質決策都是根據該公司的系統收集到的資料。多年下來，亞馬遜已經變得很擅長追蹤記錄顧客在該公司網站上的活動，這些系統收集的資料與分析驅動推薦引擎告訴你：「購買這產品的顧客也購買……」還有無數這類以演算法為後盾的功能幫助改善顧客體驗。

亞馬遜持續測試其網站，以決定用什麼顏色、什麼按鍵最好，顧客評價以及其他無數的項目放置於何處最好。「A／B 測試」是他們用以決定什麼改變對消費者體驗及行為最具正面影響的標準方法，簡單地說，A／B 測試」（又名為分組測試—split testing）是一種實驗，把實驗對象區分為兩組，把一種選擇給其中一組，把另一種選擇給另外一組，看看哪種選擇表現得更好。

舉例而言，當你對一個網站做出一個小改變，想知道改變的效果時，你可以隨機地把一群網站造訪者導向做出改變後的新網站，讓相近數量的訪客進入原網站，追蹤與監視訪客和這兩個網站的互動情形。根據此資訊，你可以分析判斷訪客是否喜歡網站做出的改變（並且購買更多），抑或這改變導致購買減少，不應該推出此改變。

為幫助管理這流程，亞馬遜建立一個名為「網站實驗室」(Weblab)的內部實驗平台，貝佐斯在二〇一三年致股東信中對此做出解釋：

我們也有自己的內部實驗平台，名為「網站實驗室」(Weblab)，用來實驗及評估對我們的網站做出的改進和產品。二〇一三年，我們在全球各地的「網站實驗室」進行了一千九百七十六項實驗，比二〇一二年時的一千零九十二項和二〇一一年時的五百四十六項還要多。最近一次的成功是我們的新功能，名為「詢問一位物主」(Ask an owner)。多年前，我們首創線上顧客評價的概念，讓顧客分享他們對一項產品的意見，以幫助其他顧客做出明智的購買決策。「詢問一位物主」也是基於相同的概念，在一項產品頁面上，顧客可以提出有關這產品的任何疑問，例如，這產品是否和我的電視機／音響／個人電腦相容？它容易組裝嗎？它的電池壽命多久？我們把這些疑問轉傳給擁有這產品的物主，跟顧客評價的情形一樣，顧客多半樂意分享他們的知識，直接幫助其他顧客。迄今已有數百萬個疑問被提出及回答。

亞馬遜的所有員工都能進入一個通用資料庫，這資料庫提供大量有關於營運層面的資訊。亞馬遜鼓勵為顧客發明與創新的方式之一，是獎勵員工檢視這資料庫，從中發現可能指出一項有益於改進顧客體驗的新型態。

「網站實驗室」（Weblab）所屬的亞馬遜實驗與優化（Amazon Experimentation and Optimization）網站如此說明其使命：

> 我們進行大量實驗，以幫助亞馬遜為顧客打造更好的產品。A／B測試是亞馬遜DNA裡的基因，而我們就身處亞馬遜如何創新的核心。
>
> 亞馬遜實驗與優化團隊建立核心技術，驅動亞馬遜的動態、成長中的事業，我們鑽研能夠幫助亞馬遜的領導人改進資料做出理性決策的工程與科學。我們有各支團隊研究因果推論、決策研究、實驗與預測，我們建造及使用實用的科學工具，在亞馬遜的近乎每個事業單位和組織及亞馬遜的子公司的分散式系統上運作。我們幫助亞馬遜的團隊了解他們的工作帶給亞馬遜、顧客、供應商、事業夥伴及其他單位的長期價值。[40]

評量財務

說到財務資料，多數公開上市公司聚焦於獲利、每股盈餘、獲利成長率，但貝佐斯不是，他偏重每股自由現金流量。

我不是財務分析師，我是個科技人和風險專家，我沒有經營一個數十億、上百億美元的公司，坦白說，我無法了解這點，但貝佐斯了解，他知道該評量什麼，他知道什麼評量是重要的。

自由現金流量是公司營運而得的現金流量扣除了維持營運所需要的固定支出（例如租金、必要設備、維修或升級、技術等等），以及履行償債義務的必要本息支出後，剩餘的現金流量。基本上，自由現金流量就是可自由運用的所得，或是企業的「零用錢」。自由現金流量不同於現金流量，因為自由現金流量把公司維持良好營運所需要的支出給扣除了，從現金流的角度來看，它是一家公司財務健全度的更正確評量方式。

二〇〇四年致股東信完全在談自由現金流量的重要性，佐以詳細的例子和圖表，貝佐斯解釋自由現金流量在亞馬遜公司的定義：

> 我們的終極財務指標、我們最想長期推進的財務指標是每股自由現金流量。自由現金流量是營運活動賺得的淨現金減去購買固定資產的支出，包括資本化的內部使用軟體及網站發展，兩者都呈現於我們的現金流量表上。

貝佐斯和亞馬遜偏好使用每股自由現金流量來評量該公司的健全度，貝佐斯的主要觀點是，華爾街常用的指標未必能正確描繪一家公司的財務健全度或價值。這也是其成長法則之一為「評量重要的東西」的原因。

貝佐斯的二〇〇四年致股東信全篇在闡釋自由現金流量比每股盈餘重要，並且繼續以此做為他的財務策略的一部分。但是，無數的投資人仍然天天聚焦於獲利、每股盈餘與獲利成長，這是因為投資人不認同貝佐斯的論點嗎？這是因為繼續奉行主流投資市場主張了數十年的法則，更為容易嗎？

自由現金流量及獲利，何者才是衡量企業健全度的最佳指標，不論你的觀點如何，貝佐斯成功地經營亞馬遜，提高自由現金流量，而不是提高獲利，這至少引發我們疑問：我們是否在自家公司評量真正重要的東西呢？

「你評量什麼，就會成就什麼」（What gets measured gets done），這是很多人信奉的至理，所以，思考你是否評量真正重要的東西，這點很重要。確切地說，若你的領導團隊在每次財務檢討會議中都以獲利為核心議題，這等於是在要求員工什麼呢？無疑地，若你奉行的是傳統的財務進展評量方式，你的員工將幾乎只聚焦於提高獲利。但若你把這些談話的重心改為自由現金流量呢？他們將把努力的焦點展現在改善自由現金流量上，這是更傾向聚焦於長期思維。

你的公司若想評量真正重要的東西，首先必須辨識衡量你的組織的進展或成功與否的終極指標是什麼。若你的公司追求像亞馬遜那樣地成長，或許自由現金流量是你應該聚焦的一個重點。決定了你公司的終極評量指標後，和你的領導幹部一起辨識你們可以評量哪些較小資料點，以幫助你們判斷是否朝往正確方向。

在你的事業的每個層級這麼做——整個組織、每個部門、每個團隊、每個層級、每個職務、每項新專案或行動方案。在組織層級，什麼指標讓你知道你正朝往正確方向推進？對每個部門、團隊與職務持續詢問相同的評量問題；在實驗新的行動方案時，進展與績效的評量應該校準於你的大目標。

思考與辨識什麼是最重要的，清楚知道這個後，你評量的資料點可能是你以往從不認為重要的東西，你可能不再去注意你以往聚焦了多年的那些評量指標。

評量真正重要的東西，質疑你評量的東西，這些可以幫助你和你的團隊一起為你的公司定位最重要的目標。

我們的決策一貫地反映這個重點。我們對自己的首要評量，使用的是最能顯示我們市場領先地位的指標：顧客數及營收的成長；顧客持續一再向我們購買的程度；我們的品牌強度。

——一九九七年貝佐斯致股東信

質疑你評量的東西

一路走來，亞馬遜遭遇了許多挑戰，但貝佐斯檢視數字時，也能看全局。網際網路泡沫破滅時，亞馬遜的股價在不到一年內從每股一百一十三美元下滑至每股六美元，你可能還記得，在二〇〇〇年致股東信上，他的第一句就一個字：「哎」。二〇一八年在彭博財經頻道的《大衛魯賓斯坦秀》節目中接受訪談時，敘述當年前景：

那整個期間很有趣，因為股票不是公司，公司不是股票。因此，我看著股價一路從每股一百一十三美元下滑至每股六美元，我也看到我們內部的種種事業績效數字、顧客數、每單位獲利，所有你能想像得到的數字、缺失等等，每一個事業績效數字都快速地變得更好。公司內部一切狀況變得愈來愈好，但股價卻不斷下滑。

我們不需要回到資本市場，我們不需要更多錢。財務破產——像網際網路泡沫破滅那樣的情形之所以發生，唯一原因是非常難募集到資金，但我們已經有我們需要的錢，我們只需繼續前進就行了。

人們總是指責我們削價競爭，以九毛錢賣一美元的東西，說什麼任何公司這麼做的話，營收也能成長。但實際上，我們並沒有這麼做，我們仍然有正毛利啊。這是一個固定成本的事業，所以，我可以從內部數據看出，達到一定的數量水準，我們就足以支應固定成本，公司就能賺錢。

信賴你的直覺

不過，亞馬遜並非只使用資料做為決策的唯一根據。二〇一八年在南美以美大學小布希總統中心舉行的領導力論壇中，貝佐斯談到在評量績效時，軼事資訊的重要性（為了明晰，下文經過少許編輯）：

……我現在仍然有個電子郵件信箱讓顧客可以直接寫信給我，這些電子郵件，我大都會閱讀，我已經不再回覆那麼多的顧客電子郵件，但那些引起我好奇的郵件，我會轉寄給相關領域的負責主管，加上一個問號。

這問號是簡略地表達：你能查一下這個嗎？為何會這樣？怎麼回事？

我發現很有趣的一點是，因為我們有非常多的指標，我們的每週業務檢討會議有這些指標簡報，我們檢視非常多有關於顧客的數字，包括我們是否準時送達貨品、包裝是否太大、是否過度包裝等等，我們監視非常多的指標。

我注意到一點，當軼事資訊和收集分析出來的資料不一致時，通常正確的是軼事資訊。這意味的是，你的評量方法有問題。

當你一年出貨的包裹高達幾十億件時，你當然必須有優良的資料和指標，包括你是否準時送達？你是否準時送達每個城市？你是否準時送達到府？你是否準時送達特定國家？你的確需要這些資料。

但是，你必須用你的直覺和本能來檢查這些資料，你必須教導所有高階主管和工程主管這點。

> 來自顧客的每件軼事都很重要，我們研究每件來自顧客的軼事，因為它們提供有關於我們流程的情況，這是顧客為我們執行的一種稽查，我們視之為寶貴資訊。
>
> ——亞馬遜全球消費者業務部（Worldwide Consumer）執行長
>
> 傑夫・威爾基（Jeff Wilke）

重點是：資料和直覺之間總是存在拉鋸，但你必須兩者兼具。

你的顧客的信賴

我們推出的新方案大都受到顧客的歡迎，原因在於我們很努力地贏得他們對這些新方案的信賴。贏得顧客的信賴是一項寶貴的企業資產，若你濫用他們的資料，他們會知道，他們會發現，顧客很聰明，你絕對不能低估顧客。

——貝佐斯於二〇一八年接受《商業內幕》母公司艾施普林集團（Axel Springer）執行長馬提亞斯·達夫納（Mathias Döpfner）訪談[41]

不論你主張成功的終極評量指標是什麼——公認會計準則，抑或每股自由現金流量，若你的顧客不信賴你對他們的資料處理與使用方式，你鐵定失敗。

在亞馬遜，資料左右一切，幾乎所有營運性質決策都是根據該公司的系統收集到的資料。為何亞馬遜如此聚焦於資料？主要原因是他們以顧客為念。

想一想你能怎麼應用

評量重要的東西，質疑你評量的東西，信賴你的直覺

思考問題1：你是否已經辨識出事業決策的重要根據資料？

思考問題2：你能夠檢視你評量的所有資料，辨識出哪些真正重要的指標？

思考問題3：你有替公司評量些什麼，是吧？

請上「TheBezosLetters.com」，取得更多資源。

14 法則14：永遠保持「第一天」心態

一如既往，我附上一九九七年致股東信的副本，我們仍然處於第一天。

——二〇一八年貝佐斯致股東信

「第一天」（Day 1）究竟是什麼意思呢？很顯然，貝佐斯認為它極其重要，他每年都會提到一九九七年致股東信，提醒股東，在亞馬遜，永遠處於第一天。

不過，有趣的是，「第一天」並非指一個日期，它是一個概念。

亞馬遜是一個線上企業，它開業時，沒有氣球……沒有綵帶……沒有盛大的開業煙火秀，第一名員工是貝佐斯本人，接著，他招聘的是程式設計師，不是銷售員。

所以，為何「第一天」這個概念對貝佐斯而言如此重要呢？

我研究貝佐斯致股東信、其他文件，以及訪談貝佐斯的內容，很清楚地看出兩點。

第一，「第一天」代表了幫助亞馬遜達到現今境界的所有領導準則，它肯定並牢記他們的初始價值觀，以及他們堅持聚焦於滿足顧客的需求和取悅顧客。

第二，「第一天」是一種心態，不是一系列步驟或策略，亞馬遜以這種心態來做出所有決策。它的目的是讓公司所有員工聚焦於在每種情況中做**正確**之事，而非只是尋求以亞馬遜的規模和影響力去做可能之事，因為，就像孩童用積木建造的高樓，若基礎不穩固，高樓遲早將崩塌，變成「第二天」（Day 2）。在此值得複述貝佐斯的話：

> 第二天（Day 2）意味著停滯，繼而變得無足輕重，繼而極痛苦的衰退，最終就是死亡。這就是為什麼我總是強調要保持第一天（Day 1）心態的原因。
>
> ——二〇一六年貝佐斯致股東信

第一天，少有什麼事比顧客更重要。如同許多員工是有下個月薪水才能維生的「月光族」（living paycheck-to-paycheck），許多企業創立之初也是有下一個客人上門才能維生（living customer-to-customer），有些企業少了下一個或兩個顧客，就活不下去了。

貝佐斯說，亞馬遜創立之初，他知道他們得撐過頭三十天。但是，因為每個買書顧客只能帶來一小筆營收，若不增加顧客，這個事業無法成長，他們絕對需要擴大規模。事實上，他們必須增加顧客，並且使這些顧客全都成為回頭客，才能壯大成現在的亞馬遜。

因此，打從第一天起，亞馬遜就全心全意致力於贏得顧客和回頭客，它致力於了解顧客，了解他們想要什麼，不想要什麼。亞馬遜在做每個決策時，牢記這點。誠如貝佐斯在二〇〇六年致股東信上所言：

> 你可以聚焦於競爭者，你可以聚焦於產品，你可以聚焦於技術，你可以聚焦於商業模式。但在我看來，全心全意聚焦於顧客最能保持「第一天」（Day 1）心態的活力。

拒絕代理

亞馬遜的「保持第一天心態」理念的要素之一是「拒絕代理」（resist proxies）。簡單地說，此處所謂的「代理」，指的是人們用以歸咎他人的不夠完善的行動或決策的任何形式藉口，「代理」讓人們有藉口不採取行動。常見的「代理」例子包括政策、程序、流程、甚至是來自某人的指令。

你是否有過這樣的沮喪經驗——某公司客服人員無法幫你解決一個問題，他（她）說因為這是「公司政策」、或「程序不允許」、或他們「只是聽命行事」？若有，那麼，你遭遇的就是一個使用代理做為藉口的員工。在亞馬遜，員工不得以「公司政策」或任何形式的代理做為錯誤對待顧客的藉口。

當然，每個企業都需要程序和流程來執行工作，需要規則和最佳實務以有效率地運作。但是，想要做好顧客服務，那些政策、程序、流程、規則與其他「代理」絕對不該被拿來做為不做正確之事的藉口。

因此，貝佐斯所謂的「拒絕代理」，可以換個方式來說，就是：為了做正確之事以服務顧客，你可以不遵循政策及程序。政策與程序是為了幫助指引決策而訂定的，不能為了它們而犧牲顧客的需求。

為了像亞馬遜那樣成長，保持第一天心態的公司，你必須拒絕讓「代理」主宰你的團隊如何做。當你的公司的程序僵化地主宰你的團隊所做的每件事，而不質疑這些程序是否適當時，你的公司就開始從「第一天」心態走向「第二天」心態。

擁抱外部趨勢

縱使是聰慧且成功的公司，也可能有難以認知到新趨勢將如何終結其整個商業模式的時候，套用貝佐斯的話：

> 這些重大趨勢並不是那麼難以辨察（它們被談論及論述得很多），但大型組織可能很難擁抱它們。
>
> ——二〇一六年貝佐斯致股東信

公司之所以未能認知到新趨勢將對組織帶來什麼衝擊，最大的障礙之一是公司對於冒險的態度，尤其是當趨勢初來乍到之際。當一家公司變得根深柢固於「循著向來的模式做事」時，領導階層和基層全都將抗拒冒險，而新趨勢通常看起來有風險。在這種環境下，員工可能認為，任何的失敗都會傷害他們的資歷發展，在許多人看來，這根本不值得。淪為一家「第二天心態」公司的過程於焉展開。

第一天，公司總是會小心翼翼地警覺外部趨勢，因為他們是新公司，很容易遭到更大或更穩固的公司的攻擊，因此，他們尋求方法去利用趨勢來成長，更好地迎合他們的顧客。竅門在於，縱使已經成長為千億規模的公司，仍然保持這種「第一天」心態。消費者向其他企業需求什麼？其他成功的公司開始做什麼？你能如何使用這些資訊，更加迎合你的顧客？

速度勝過完美

第一天，決策總是快速做出，因為有掌權者可以快速決策，此人通常是創辦人，也往往是公司此時唯一的人。

你無法等待取得完美且完整的資訊後才做出決策，你必須根據手邊有的資訊，做出最佳決策，但你必須快速行動。如同貝佐斯所言，做決策時，Day 1文化側重速度勝過完美，在此值得複述貝佐斯的這個忠告：

……多數決策應該在你已經取得了你希望取得的資訊的七成左右時就做出，若你等待取得九成資訊後才做出決策，就多數情況來說，可能就太慢了。況且，不論是在取得七成或九成資訊下做出決策，你都必須善於快速認知到你做了壞決策，並且快速修正。若你善於中途修正，做出錯誤決策的代價可能比你想像的來得輕，但遲緩於做出決策的代價必然高。

——二〇一六年貝佐斯致股東信

這跟亞馬遜領導準則之一有密切關係：

亞馬遜領導準則——敢於質疑；不贊同，但執行：當不贊同他人的決策時，領導者必須尊重地提出質疑，縱使這麼做令人感到不自在或精疲力竭。領導者有信念與堅持，他們不會為了社會凝聚力而妥協讓步。一旦做出了決策，他們就全力以赴。

那麼，做了壞決策呢？沒問題。

若你做的是第二類決策，結果發現是個壞決策，你可以使用你從錯誤中收集到的資訊，快速做出一個新決策。換言之，來自「第一天」文化的高速決策的一個附帶好處是，當情況沒有根據計畫走時，能夠且願意快速做出另一個決策。

像新創公司般行動與思考，致力於「第一天」文化

貝佐斯的「第一天」心態可應用於任何產業的任何類型企業，從新創公司到成熟的大型企業皆可。成為「第一天」企業，並不容易，要訣是牢記「第一天」是一種心態。若你的公司是一家成熟的企業，推行「第一天」思維可幫助避免浪費，保持聚焦於當初使你的公司成功的要素。

任職新創公司，可能工作時間長，很辛苦，往往得做出很大的犧牲，但同時也可能令人振奮。當公司邁入成熟時，領導階層很自然地不再聚焦於幫助公司成長的大大小小細節，為避免發生這種情形，亞馬遜使用各種有形和無形的提示，強調「第一天」文化

的重要性，包括「門板桌」、大樓名稱等等，全都在提醒員工公司創立伊始的重要價值觀。

持續保持「第一天」的焦點及熱情，可能相當辛苦，但我可以向你保證，一旦喪失「第一天」思維，公司進入「第二天」，淪落貝佐斯所說的「極痛苦的衰退」境界，將遠遠更辛苦。

當然，這種衰退是漸漸發生，日積月累地喪失聚焦，累積負面動能。因此，你拖延得愈久，就愈難翻回「第一天」。不論如何，開始建立「第一天」文化的最佳日子就是今天，若你的公司在數月、甚至多年前就已經滑落至「第二天」，你要不就是當即採取行動，翻回「第一天」，要不就是在「第二天」裡陷得更深。

貝佐斯在二〇一六年致股東信中回答這個疑問：「傑夫，『第二天』是什麼模樣呢？」：

> 我對這個疑問很感興趣：該如何防止「第二天」？有什麼方法及戰術？在一個大型組織，該如何保持「第一天」心態的活力？
>
> 這疑問不可能有個簡單的答案，將涉及許多元素、多條途徑與許多陷阱，

我不知道全部答案，但可能略知一二。以下是保持「第一天」心態的一些基本要素：以顧客為念，懷疑看待「代理」，熱中擁抱外部趨勢，高速決策。

換言之，你的事業若不繼續成長，就會轉向衰亡，沒有中間灰色地帶。為避免落入「第二天」，唯一之道是**永遠保持「第一天」心態**。

想一想你能怎麼應用

永遠保持「第一天」心態

思考問題 1：若你的企業已存在超過五年，想想看：我但願我們現在仍然繼續保持早年的什麼作為？

思考問題 2：若你的企業已存在超過五年，想想看：從現在算起的十年後，縱使我希望公司屆時很賺錢，我也希望我們沒有停止做什麼？

思考問題 3：不論你的企業是年輕或歷史悠久，想想看：我能經常做什麼，以師法「第一天」心態？

請上「TheBezosLetters.com」，取得更多資源。

15 風險與成長心態

這將是網際網路真正的「第一天」，若我們的事業計畫執行得當，這將仍然是亞馬遜網站的「第一天」。基於目前情勢，可能難以想像，但我們認為，**前頭的機會和風險比過去的機會和風險還要大**，我們將必須做出許多有意識的、深思熟慮的選擇，其中一些選擇將是大膽、不符傳統的選擇。

——一九九八年貝佐斯致股東信

你可能聽過這句話：「你總得下場，才有可能贏。」

但貝佐斯下場是為了學習。這是賭博和刻意冒險的差別。如前文所述，隨意冒險而冀望勝利，這就像擲骰子或轉輪盤，你無法知道擲出幾點，或輪盤將停於何處。但貝佐斯只冒有意圖的風險，而且，他經常冒反直覺的風險。以下是一些例子：

亞馬遜市集：讓競爭者的產品進入亞馬遜的獨家銷售平台，這在許多人看來是不可思議的事，但亞馬遜讓競爭者在亞馬遜網站上銷售。

亞馬遜尊榮會員服務：運費昂貴，少有公司為顧客提供免運費服務（除非先把產品價格大大提高，足以支應運費），但貝佐斯在維持產品低價格之下，提供免運費服務。

Kindle：有些人認為，已經習慣閱讀實體書的大眾不容易接受電子書。貝佐斯開發可下載無數書籍的Kindle，不僅閱讀起來像在閱讀實體書，而且提供比實體書更好的閱讀體驗，例如可移動的重點標記、跨平台同步等等。

AWS：原本這只是做為亞馬遜的內部作業系統，貝佐斯決定向其他開發者開放這專有平台。當時還沒有任何其他公司提供「軟體即服務」（software as a service），也沒人預期到亞馬遜會這麼做（這為亞馬遜提供了七年的起步領先），貝佐斯採取了一個逆向操作。

貝佐斯違反常理嗎？沒錯。所有行動從一開始就成功嗎？當然不是。

但貝佐斯並非魯莽冒險，魯莽冒險是快速破產的保證途徑。貝佐斯審慎、深思熟慮地冒險，他的冒險全都以他的成功觀點為中心。

有人可能會想：「是啊，當然了，貝佐斯可以冒險，他是世界首富啊。」但是，刻意冒險是一種心態，不管你有多少錢。

當貝佐斯開著一輛本田雅歌（Honda Accord），在無人有網際網路連結服務的年代開始做一種線上生意時，他是在刻意冒險，並且把他的錢以及向父母和朋友借來的錢實際投資於那些風險，這是確確實實的一項投資。是的，這是投資於一個事業，但也是投資於一個概念——線上商務這個概念。跟絕大多數新創事業一樣，他必須一再投資於他的事業概念，以便讓它成長和擴大規模。

貝佐斯並非不計一切代價地冒險，他把對風險的投資當成做生意的一種成本。實際上，他把擁抱冒險做為一條成長與學習的途徑。

伴隨公司事業起飛，貝佐斯違逆華爾街根深柢固的理念，這是相當大的風險。華爾街想用季獲利來評量企業，但貝佐斯使用公司的整體成長軌跡做為更正確評量亞馬遜的長期表現的指標。

現在，貝佐斯高度聚焦於長期，乃至於他把大部分的亞馬遜日常營運事務委任給他的團隊，把他的大部分時間用來思考亞馬遜是怎樣的一家公司，他希望亞馬遜成為怎樣的公司，他希望接下來實現什麼。但對貝佐斯而言，「接下來」指的是兩、三年後，不久前，接受《富比士》（*Forbes*）雜誌編輯藍道・雷恩（Randall Lane）採訪時，他這麼說：

> 在發布一季獲利後，朋友向我道賀，說：「做得好，很優異的一季」，我說：「謝謝。可是，那一季的績效是三年前開始烘焙的。」我現在正在研究如何繳出二〇二一年的某季績效。[42]

根據定義，當你現在的操作是為了未來時，你就是在冒有意圖的風險，因為你不知道未來會如何。

現在，亞馬遜的營收早已超越千億美元，貝佐斯在二〇一八年致股東信上說：

> 伴隨公司成長，所有東西都必須擴大規模，包括你失敗的實驗規模，若你

的失敗規模未成長，你將無法做出能夠移動指針的投資規模。若亞馬遜偶爾出現數十億美元的失敗，那是因為我們正在進行夠大規模、相稱於我們公司規模的實驗。當然，我們不會漫不經心地進行如此規模的實驗，我們將努力使它們成為好賭注，但不是所有好賭注最終都將獲得回報。這種大規模冒險，有部分是我們做為一家大公司能夠為我們的顧客和社會提供的服務。對股東而言，好消息是，一個下注的大贏，遠遠足以彌補許多下注失敗的成本。

「偶爾出現數十億美元的失敗」，就連我也難以領會。但話說回來，這也是貝佐斯之所以是風險大師的原因。

貝佐斯如何發展風險與成長心態？

貝佐斯並非以大富豪之姿創業，當時，他有一份收入優渥的工作，但他辭掉差事，追求實現一個許多人恐怕會認為瘋狂的線上事業構想。為了把這新事業構想付諸實現，他必須向父母借三十萬美元，他說：

我爸提出的第一個疑問是：什麼是網際網路？他不是對這公司或這事業概念下注，他是對我下注。

——一九九八年在湖畔森林學院（Lake Forest College）的演講[43]

貝佐斯節儉、有熱情，願意為他的事業冒險。他聰慧、堅韌，他狂熱堅定地聚焦於顧客。

二十年後的二〇一八年，貝佐斯榮登《富比士》「全球富豪排行榜」之首，那是他首次登上榜首，也是第一位千億富豪。

但是，貝佐斯說他「中了樂透」，不是指他成為全球首富，而是指他有一個總是當他後盾的家庭。他的母親賈姬・蓋斯（Jackie Gise）在一九六四年於新墨西哥州生下他時，只是十七歲的高中生，母親再婚時，繼父米格爾・貝佐斯（Miguel "Mike" Bezos）收養他，繼父後來在石油公司擔任工程師。

四歲至十六歲期間，貝佐斯每年夏天都在德州南部外祖父母家度過，和他們一起在牧場上工作。他的外祖父勞倫斯・蓋斯（Lawrence Preston Gise）是美國國防高等研究署（Defense Advanced Research Projects Agency，簡稱DARPA）前身機構的員工，在蘇聯發射史普尼克一號衛星（Sputnik 1）後，美國國防部在五角大廈成立了這支特別團隊，由最優秀的科學家和工程師組成。但對貝佐斯而言，他只是「爺爺」。貝佐斯和外祖父共度很多時光，他這麼描述他的外祖父：

縱使我還是小孩，他仍非常尊重我，經常和我長篇大論地交談有關於科技、太空，以及任何我感興趣的東西。[44]

我四歲時，他創造出一種我在牧場上幫助他的假象，那當然不是真的，但我相信了。[45]

貝佐斯說，他常坐外祖父開的小卡車或騎馬到處跑，年紀更長些，他開始真的在牧場上協助外祖父，幫他修理風車，築籬笆，修理重機械，甚至執行一些獸醫程序，例如為生殖道脫垂的牛進行縫合（他開玩笑地說：「有些甚至存活了！」）。

那種生活型態，還有我的外祖父，最有趣的事情之一是，他幾乎凡事都自己來，牧場上的動物生病了，他不會請獸醫，他總是自己想辦法。在德州科圖拉鎮（Cotulla）附近占地二萬五千英畝的牧場上工作時，他學習並傳承了外祖父的那種足智多謀，以及樂觀進取的工作精神。[46]

我只能去想像貝佐斯和其外祖父的交談內容，我猜想，這其中很多談話是有關於在美國國防高等研究署的工作，而且，我猜測，這些談話更加助長貝佐斯原本已經對太空站的長期可能性的想像與著迷。時間，努力，發明及修理東西，有愛的父母及外祖父母，對一個從小男孩到年輕人的成長過程是非常有助益的薰陶元素組合。

阿姆斯壯踏上月球時，貝佐斯五歲；阿波羅十三號的「成功的失敗」發生時，他七歲。應該可以合理推想，他和外祖父對太空的未來、重返月球，以及之後的發展，有過很長的交談。

貝佐斯讀小學時獲得了一些「一手」的電腦體驗，他在二〇〇一年接受美國成就學院（Academy of Achievement）訪談時說：

……休士頓有一家公司把過剩的主機型電腦作業時間出借給這所小學，但

> 學校裡的老師全都不懂如何操作這種電腦。不過，那裡有一本手冊操作指南，我和幾個小孩在課後留下來，學習如何操作這東西。[47]

這群孩子首先的發現之一是，這部電腦裡有個簡單原始的《星艦迷航記》遊戲，他們從此使用這部電腦玩這遊戲。

《星艦迷航記》電視影集和相關電影的影響力不可小覷，你不妨問 Alexa：「Earl Grey, hot（伯爵茶，熱的）」〔在電視影集《銀河飛龍》（*Star Trek: The Next Generation*）中，艦長尚路克・畢凱（Jean-Luc Picard）說的話〕，Alexa 會告訴你：「這艘艦的複製機還無法操作」。

貝佐斯全家後來遷居佛羅里達州邁阿密，貝佐斯在那裡讀完高中，並代表畢業班致詞，不意外地，他的演講內容談的是太空。受到普林斯頓大學物理學家傑拉德・歐尼爾（Gerard O'Neill）的影響，他的演講主軸思想是：地球的資源有限，所以他想把製造業和人類遷移到太空，以保護地球。貝佐斯說，地球應該被指定為一座國家公園，居住於太空的人可以在休假時前來造訪。這是很有趣的畢業生致詞，甚至引起《邁阿密先鋒報》（*Miami Herald*）一位記者的注意，報導了貝佐斯的演講內容。[48]

貝佐斯就讀普林斯頓大學，想成為一名物理學家。他在《衛報》（*The Guardian*）的一篇報導中說，量子力學這學科終結了他的物理學家夢。最終，他取得電腦科學和電機工程雙學士學位。他在《衛報》的這篇採訪中解釋：

> 普林斯頓大學教會我的其中重要一課是，我的聰敏程度不足以成為一名物理學家。[49]
>
> （譯注：在這採訪中，貝佐斯說，他修量子力學這門課時，很費力地才讀好，他發現班上有幾個人非常有天賦，讀來毫不費勁兒，他認知到自己只能成為平庸的理論物理學家。）

從普林斯頓大學畢業後，他遷居紐約市，在那裡結識他後來的太太，並在金融業及華爾街從事了幾份工作。那段期間，他繼續孵育自己創業的夢想。

一九九八年，當時亞馬遜公司只有三歲，貝佐斯在湖畔森林學院演講時，講述他的創業構想緣起：

這公司構思於一九九四年春天，我在一九九四年春天偶然得知一個驚人事實：網路使用量一年成長二三〇〇%。我沒忘記，人類並不善於了解指數型成長，它不是我們日常生活中常見的現象。但是，在培養皿之外，沒有東西成長得如此快速。

我看到這事實時，心想，好，在這樣的成長背景下，怎樣的事業計畫可能有道理呢？我列了二十種可能在線上銷售的產品，我想找出第一項最好的產品。

我選擇了書籍，有很多原因，但一個主要原因是，書籍類品項數量遠比任何其他種類產品的品項數量多，全球所有語言的書籍有超過三百萬冊。從品項數量來看，居次的產品類別是音樂，約有三十萬張活躍的音樂CD。

有如此巨量的產品類別，你可以在線上建立你無法以其他方式建立的事業。舉世最大的實體書商店、最大的超市（這些巨型商店往往是以前的保齡球館及戲院改建而成的），也只能容納約十七萬五千種品項，而且，這麼大的實體店也就幾間而已。

在我們的線上產品類別，我們能夠供應超過二百五十萬種品項，讓人們能夠在一間線上商店就取得這些品項。能夠在線上做你無法以任何其他方式做到的事，這點很重要，為顧客創造價值主張，這是創建任何事業的基本教條。

在線上，尤其是三年前，但現在、未來幾年也一樣，你為顧客建立的價值主張必須非常大，這是因為現在的網路使用起來很痛苦，我們全都體驗過數據機斷線和瀏覽器當機的情形，還有種種的不便，網站龜速，數據機速度很慢。

因此，在現今的環境下，若你想吸引人們使用一個網站，你必須對這個還相當粗糙、初期的技術提供巨大的補償。我會說，這補償必須大到基本上等於在說你現在只能在線上做到這事，其他任何方式都無法做到。

所以，這巨大數量的產品，看起來是個制勝的線上組合，沒有其他方式可以供應二百五十萬冊的書籍，實體書店不可能做到，印刷型錄也無法做到。若你要印出亞馬遜網站供應的書籍的型錄，這型錄將比四十本紐約市電話簿還要厚重。

他〔貝佐斯〕能夠看出這技術海嘯的來臨，它將去中介化，它將創造新通路，改造經濟，改變我們的購買與銷售方式。問題是，我們將把它應用於什麼領域？

——《連線》雜誌總編輯克里斯．安德森（Chris Anderson）

貝佐斯從紐約遷居西雅圖，可能基於兩個主因。其一，微軟總部在西雅圖，因此，那裡有傑出的程式設計人才池。其二，附近有兩大書籍批發中心：英格蘭姆（Ingram）及貝克與泰勒（Baker & Taylor）。

他租了一棟有車庫的房子，連上網際網路，一九九四年七月，亞馬遜網站誕生，成為貝佐斯實現其創業夢想的舞台。

跑得更快的馬

你大概聽過一句據說出自亨利．福特（Henry Ford）的話：「若我問人們需要什麼，他們大概會告訴我：跑得更快的馬。」

我們全都知道發生了什麼。福特並沒有給人們跑得更快的馬，他給了他們更好的東西——馬力更大的汽車。過沒多久，沒人再騎馬了。

就如同汽車取代了馬，總是有事物出現，改變我們思考和做生意的方式；總是有創新的技術和產品不為我們所知（還記得那些「臭鼬工廠」嗎？）。

當時盛行的心態是「跑得更快的馬」，福特的構想是設計與測試一種新的東西（平價汽車），打造它〔T 型車（Model T）〕，加速流程（組裝線），規模化（使用各地經銷商）。到了一九二七年，已經賣出超過一千五百萬輛的 T 型車。

這引領我們回到風險、成長與成功中最重要的元素：人。因為他們的發明與創新點子，許多我們熟悉的人物對世界帶來重要影響：亨利・福特、愛迪生、賈伯斯、羅琳，這名單可以列出一長串。

但重點是：使用相同於貝佐斯和這些人的風險與成長心態，我相信我們（不論身在何處的世人）全都能夠改變世界，留下更好的聲譽。這才是風險與成長心態的真正意義。

16 亞馬遜之外

太空：終極邊境。這些是聯邦星艦企業號的航程，它的持續任務：探索陌生的新世界，找尋新生命與新文明，勇往前人未至之境。

——《星艦迷航記》

儘管現在的亞馬遜已經這麼龐大了，對貝佐斯而言，亞馬遜只不過是通往一個更大目的的手段。貝佐斯希望，從現在算起的六、七個世代之後，當他的曾孫有了曾孫時，將有活力蓬勃、能夠在天空自由享受的文明……他正在使用他的企業——亞馬遜——來資助這夢想。

在創立亞馬遜僅僅數年後的二〇〇〇年，貝佐斯悄悄地創立了一家名為「藍色起源」（Blue Origin）的小公司，藍色代表地球，起源代表我們目前在宇宙中生活之處。現在，藍色起源是私人探索太空領域的先鋒。在藍色起源公司網站上的使命頁有一支影片，貝佐斯在影片中講述：

我五歲時，阿姆斯壯踏上月球，打從那時起，我就熱中於太空、火箭、火箭引擎、太空旅行。我想，我們全都有熱中的事物，不是你選擇了它們，是它們選中你，但你必須去覺察、去探尋。

這是我現在最重要的工作。

這是一個簡單的論點：地球是最棒的星球，因此，我們面臨一個選擇：未來，我們必須決定我們是否要一個停滯的文明；我們將必須限制人口成長，我們將必須限制人均能源使用量，或者，我們可以藉由遷移至太空來解決這問題。

當然，問題在於太空旅行太昂貴了。因此，我們必須設法降低成本，可再用性（reusability）為此帶來好機會，我們真正需要的是實際可行、務實的可再用性，如同我們在商用航空領域看到的情形。這是一個關鍵，若我們可以做到這個，將大大降低把人們送上太空的成本。我期望有一群非常有創業精神的新創公司在太空領域做些了不起的事。

登陸月球這個概念被認為太不可能了，以至於人們使用它來比喻不可能之事。我希望能夠消除這種觀念，任何你決心去做的事，你都能做到。

在實現登月後，火箭專家馮布朗（Wermher Von Braun）說：「我學會非常謹慎地使用『不可能』這字眼」，我希望大家對人生採取這種態度。[50]

雖然，有人可能覺得貝佐斯很好勝，我不認為他的太空探險是為了在「競爭」中獲勝，像伊隆．馬斯克（Elon Musk）或理查．布蘭森（Richard Branson）那樣。我認為他是在搭建鷹架或基礎設施，使未來的太空生活變得可能。他在二〇一八年於南美以美大學小布希總統中心舉行的領導力論壇「與貝佐斯談話」中承認，他還未想到創立一個線上事業之前，亞馬遜的鷹架就已經搭建好了：

回頭檢視亞馬遜在二十年前能做到的事，其實，我們當年不必建立一個運輸網，它已經存在了，我們不必做那件吃力的起重工作。我們不必建立一套支付系統，這吃力的起重工作已經有人做完了，它是信用卡制度。我們不需要建造電腦，把它推廣到每一張書桌或辦公桌上，那也已經有人做完了，順便一提的是，當時電腦大都被用來玩遊戲。還有其他吃力的工作，在二十年前的當時，全都已經有人把這些事情做完了，所以，我才能夠用一百萬美元就創立這家公司。

過去二十年間，網際網路上還有更好的例子呢，臉書創立於一間大學宿舍寢室。我向你保證，兩個孩子無法在他們的宿舍寢室裡建立一家巨大的太空公司，那是不可能的，但我想建造起重的基礎設施，現在做那困難的部分，好讓未來世代的孩子能夠在宿舍寢室裡創立一家巨大的太空公司。

貝佐斯如何辨識重要的基礎設施角色

我們現在很難想像沒有網際網路和即刻連結的世界，亞馬遜使用已經存在的服務做為「鷹架」，利用這些連結。舉例而言，若沒有聯邦快遞在一九七三年開始提供「絕對需要隔夜送達」的快速服務，亞馬遜能夠為尊榮會員提供兩天內送達的服務嗎？或者，若沒有二〇〇七年時的 iPhone 問世，能夠實現隨時隨地的線上購物嗎？

貝佐斯向來都承認，有既存的基礎設施，亞馬遜才得以營運。二〇一六年接受訪談時，他說：

我們一年出貨的包裹五十億件，營收上千億美元，有數十萬名員工，有這種規模的，不光是我們。你看看網際網路，現在是一個巨大的產業，有一堆非常強健、富創業精神、欣欣向榮、追求不同使命的大大小小公司，它生氣蓬勃，活潑有趣，而且，這發生得很快……僅僅二十年的時間，就發展得如此蓬勃。

我可以告訴你為何會有這樣的發展。想想電子商務，在此之前，電子商務所需要的一切吃力的起重工作都已經完成了，這些重要的基礎設施都已經到位了。一九九五年創立亞馬遜這家電子商務公司時，我們不需要建設一個遞送包裹所需要的全國運輸網絡，郵政服務已經存在，優比速已經存在。全國運輸網絡得花龐大資金和數十年才能建設起來，但我們創立亞馬遜時，已經存在全國運輸網絡了，當然，它不是為了電子商務而建設的，是為了別的理由而建設的。

同理，網際網路問世時，我們已經有電話網路，你還記得當年我們用來撥接上網的數據機嗎，那些聲學數據機，早年，我們能做到網際網路，是站在了另一個基礎設施巨人的肩上，那就是市內及長途電話網路。它不是為了網際網路而建設的，不是為了電子商務而建設的，它是為了語音電話而建設的，但它已經存在了。遠程支付也一樣：已經有信用卡等等的遠程支付工具了。所以，一堆基礎設施已經存在了。

若你現在想看到充滿創業能量、成千上萬的創業者在太空上做不得了的事的黃金時代，那是辦不到的，五十年來，我們還沒能看到這景象，原因是那些吃力的起重基礎設施還沒到位。可能得先發生很多的事，才能看到那種巨大的躍進，但我不這麼認為，我認為其實只需實現一件重大的事情，那就是我們需要較低成本的太空旅行。[51]

建立基礎設施的背後概念，就像這句引言：「站在巨人的肩上」，意思是，現在發生的事，是因為前人的非凡努力。貝佐斯現在致力於建設一個可供未來世代站立的「過去」。

***

藍色起源公司有個拉丁文座右銘：「Gradatim Ferociter」（循序漸進，勇往直前）。

> 我們不是在競賽，將有很多方加入這前進太空以造福地球的人類奮鬥行列，藍色起源在這奮鬥旅程中的使命是：用我們的可再使用飛行器，建造一條通往太空之路，讓我們的後代子孫能夠建造未來。我們將循序漸進，因為略過某些步驟將可以更快速，這是一種錯覺；慢則穩，穩則快。[52]

由於貝佐斯是在「建造一條通往未來之路」，我認為，為實現他的私人太空旅行夢想，他在藍色起源也使用相同於他在亞馬遜的成長循環和十四條成長法則；他測試，建造，加速，規模化。下文，我把十四條成長法則寬鬆地應用於藍色起源公司。

寬鬆地把十四條成長法則應用於藍色起源公司

測試

- 鼓勵「成功的失敗」——藍色起源從小實驗做起，看看什麼最可行。（太空探索滿昂貴的，即使對貝佐斯而言，也不便宜。）
- 下注於宏大構想——太空旅行顯然是個宏大構想。
- 實行動態發明與創新——他們必須對太空旅行的未知數做出投資與創造。

建造

- 以顧客為念——他們的顧客是未來的太空旅行乘客、第三方，以及我們的遠代子孫。
- 採取長期思維——他們在為數百年後的人類創造新的生活方式。
- 了解你的飛輪——藍色起源創立於二〇〇〇年，伴隨學習、成長，以及把事業擴展至發展可再使用的太空旅行飛行器，他們已經獲得了動能。

加速

- 產生高速決策——盡可能快速做出決策，但同時也審慎決策。藍色起源公司的吉祥物是烏龜，因為高風險（涉及生死）決策必須像龜兔賽跑中的烏龜：「慢則穩，穩則快。」
- 化繁為簡——藍色起源致力於把一般人送上太空，而非只是太空人。
- 用技術來加快時間——致力於發展新進技術，使太空旅行變得更普通且快速。
- 倡導業主精神——把太空旅行的實現視為私人志業，不等待政府計畫。

規模化

- 維護你的文化——根據定義，聚焦於太空探索的文化是有一個想達成的共同目標。
- 聚焦於高標準——只有最優秀、最聰明者能把我們安全地送上太空。
- 評量重要的東西，質疑你評量的東西，信賴你的直覺——所有東西必須經過評量、測試、量化與複製，以確保安全，但當你的直覺和資料不一致時，要有所懷疑，再詢問，再檢驗。

■ 永遠保持「第一天」心態——在藍色起源公司，永遠都是第一天。信念是一種上太空的必要心態。

亞馬遜這個企業助長貝佐斯的更大冒險與熱情，事實上，亞馬遜可能是貝佐斯個人的飛輪，亞馬遜是推動太空探索的大助力，等藍色起源起飛後，就能獲得動能。

這告訴我，成長循環及安德森的十四條成長法則對亞馬遜的成長很重要，因此，對藍色起源的成長也很重要，它們可以被應用於近乎任何地方的任何企業及任何組織。

我深信，貝佐斯對太空的著迷，他在牧場上幫助外祖父時獲得的薰陶，以及他早年發展出的創新思維，這些結合起來，促成他刻意冒險以建立和壯大亞馬遜的意願及心態。

遵循這些成長循環及十四條成長法則，你也能像亞馬遜那樣成長。

是的，把人送上太空是冒險，事業成長是冒險，生命是冒險。但問題是：完全不冒險，是不是更危險呢？

＊＊＊

《阿波羅十三號》這部電影的結尾，指揮官詹姆斯．洛威爾說：「我有時抬頭遙望月亮，回憶我們漫長之旅的命運變化，想到那些竭力把我們三人帶回來的數千人。我遙望月亮，心想，我們何時將再回到那裡，誰將上到那裡呢？」

二〇一八年貝佐斯致股東信＆亞馬遜十四條成長法則

致全體股東：

過去二十年間，發生了一件奇怪而值得注意的事。請看看這些數字：

1999 年	3%
2000 年	3%
2001 年	6%
2002 年	17%
2003 年	22%
2004 年	25%
2005 年	28%
2006 年	28%
2007 年	29%
2008 年	30%
2009 年	31%
2010 年	34%
2011 年	38%
2012 年	42%
2013 年	46%
2014 年	49%
2015 年	51%
2016 年	54%
2017 年	56%
2018 年	58%

這些百分比代表在亞馬遜網站上，獨立的第三方賣家（他們大多數是中小企業），其商品銷售額占亞馬遜網站上商品總銷售額的比重，相對的比重就是亞馬遜本身做為第一方賣家（自營商）的直接銷售額。第三方賣家的銷售額，這二十年間的占比從三%一路成長至五八%。

直率地說：第三方賣家狠狠地打趴亞馬遜自營商品。

而且，這還是一個高門檻，因為亞馬遜自營業績在這段期間大幅成長，從一九九九年的十六億美元成長至去年的一千一百七十億美元，在這段期間的複合年均成長率為二五%。但同一期間，第三方賣家的銷售額從一億美元成長至一千六百億美元，複合年均成長率為五二%。這裡提供一個外部標竿：這段期間，eBay 的商品總銷售額從二十八億美元成長至九百五十億美元，複合年均成長率為二〇%。

為何獨立賣家在亞馬遜的銷售業績遠比在 eBay 上的業績好呢？為何獨立賣家能夠成長得遠快於亞馬遜自家高度有條不紊的自營銷售組織呢？我們沒有完整的答案，但我們知道答案中極重要的一個部分：

我們透過所**能想像得到及打造得出的最佳銷售工具**（法則12：聚焦於高標準），投資這些獨立賣家，幫助他們和我們的自營事業競爭。這類工具很多，包括幫助賣家管理存貨、處理付款、追蹤貨件、建立報告、跨國銷售的工具，而且，我們每年發明更多的這類工具。但非常重要的是亞馬遜物流服務和尊榮會員方案，這兩項方案結合起來，**大大改進**向獨立賣家購買的**顧客體驗**（法則4：以顧客為念）。現在，在這兩項方案已經如此穩固下，多數人很難充分領會當初推出這兩項服務時，它們有多激進。**我們投資於這兩項方案時是冒著很大的財務風險，並且經過了內部的激烈辯論**（法則2：下注於宏大構想）。我們必須持續做出可觀投資，實驗各種構想，進行迭代。我們無法有把握地預料這些方案的最終模樣，更遑論它們會不會成功，但我們憑藉直覺與勇氣去推進，樂觀地發展它們。

直覺、好奇心與漫遊的力量

打從亞馬遜的早年，我們就曉得我們想**創造**一種建造者（builder）——好奇的探索者——的**文化**（法則11：維護你的文化）。這類人喜歡創造，縱使他們已是專家，仍然保持初學者心態，展現求知的朝氣，他們把我們的做事方式視為只是我們目前的做事方式。建造者心態幫助我們勇於迎向難以解決的大機會，謙遜地堅信可以透過迭代來取得成功：創造，推出，重新創造，再推出，重新開始，再來一次，重複，一遍又一遍。他們知道，**成功之路絕對不會一帆風順**（法則1：鼓勵「成功的失敗」）。

在商業界，有時候（其實是經常），**你會知道你朝往何處，當你知道要朝往何處時，你可以很有效率**（法則6：了解你的飛輪）地研擬計畫並執行。相反地，漫遊（wandering）固然是欠缺效率的行為，但也不是任意隨便，漫無目的，而是讓預感、膽識、直覺與好奇心引導，並且由一種深切的信念驅動，深信這對顧客的價值夠大，值得我們稍稍混亂與偏離，去尋找通往那裡的途徑。基本上，漫遊是效率的一種制衡，你必須兩者皆具。那些超大的發現——「非線性」的發現，很可能需要在漫遊中才能獲得。

AWS的數百萬顧客中有新創公司、大型企業、政府機構、非營利組織，全都尋求為他們的最終使用者打造更好的解決方案。我們花很多時間思考這些組織想要什麼，他們內部的人——軟體開發師、開發經理、營運經理、資訊長、數位長、資安長等等——想要什麼。

我們在AWS裡打造的很多東西，都是根據傾聽顧客而得的意見。這項行動至關重要：詢問顧客想要什麼，仔細聆聽他們的回答，研擬計畫，周詳且快速地提供顧客想要的東西（**在商界，速度很重要！**）（法則7：產生高速決策）。不秉持這種以顧客為念的企業，無法成功興旺。但光是這樣還不夠，推動指針前進的最大動力是那些顧客不知道他們需要、因此沒有要求的東西，我們必須為他們發明，我們必須用自己內在的想像力去想像什麼是可能的。

AWS本身就是一個例子。沒有人說他們想要AWS，但事實證明，這世界其實需要且渴望有雲端運算服務這樣的供給，只是那些潛在顧客不知道罷了。**我們有預感**（**法則3：實行動態發明與創新**），循著我們的好奇心，冒著必要的財務風險，開始建造——改造，實驗，以及無數次迭代。

在AWS，相同的型態重現了很多次。例如，我們創造了「DynamoDB」，這是一種高度可擴充規模、低延遲傳輸的鍵值資料庫（key-value database，一種非關聯式資料庫），現在有數千個AWS的客戶使用。我們仔細傾聽客戶心聲，明顯聽到企業客戶覺得受限於他們的商用資料庫選擇，幾十年來，他們對自身的資料庫供應商感到不滿——那些供給昂貴、專屬、有高度被套牢及懲罰性的授權條款。我們花了幾年時間建造自己的資料庫引擎「Amazon Aurora」，這是全受管的、可和MySQL及PostgreSQL相容的關聯式資料庫服務，耐久性和可用性相同或更優於商用引擎，但成本只有商用引擎的十分之一。對於它受到歡迎，我們並不感到意外。

不過，對於專門為專業工作量（workloads）建造的專業資料庫，我們也樂觀看待其前景。過去二十到三十年間，公司使用關聯式資料庫來運轉自身的大部分工作量，軟體開發人員對關聯式資料庫的廣泛熟悉度，使得這項技術成為他們的選擇，縱使它並不理想。儘管不是最理想的，但在以往，資料集規模通常夠小，且可接受的查詢延遲時間夠長，因此你可以使用這種資料庫。但現在，許多應用程式儲存了很大量的資料——兆位元組（TB）和拍位元組（PB）的規模，而且，對應用程式的要求也發生了變化，現代的應用程式需要低延遲、即時處理，以及每秒處理數百萬件請求的能力。這不僅需要像「DynamoDB」這樣的鍵值資料庫，還需要像「Amazon ElastiCache」這樣的記憶體內資料存儲與快取服務、像「Amazon Timestream」這樣的時間序列資料庫、像「亞馬遜量子帳本資料庫」（Amazon Quantum Ledger Database）這樣的帳本解決方案——各種工作有分別合適勝任的工具，既省錢，又能**使你的產品更快速問世**（法則9：用技術來加快時間）。

我們也幫助企業客戶利用機器學習，我們已經在這方面**下工夫很長一段時間了**（法則5：採取長期思維），跟其他重要進展一樣，我們試圖把早期的內部機器學習工具予以外部化的初步嘗試失敗了。我們漫遊了許多年——實驗、迭代、改進，加上來自客戶的寶貴洞察，終於使我們開發出十八個月前才推出的「SageMaker」。SageMaker 把機器學習過程每一步中的吃力工作、複雜性與猜測給移除，這等於是人工智慧的去中央化。現在，成千上萬的客戶在亞馬遜平台上使用 SageMaker 建立他們的機器學習模型。我們持續加強此服務，包括增加新的強化學習（reinforcement learning）能力。強化學習有陡峭的學習曲線和許多機動部分，此前，只有財力最雄厚、技術最先進的組織才能做到。若沒有一個好奇心文化，以及為顧客做出全新嘗試的意願，這一切不可能實現。我們以顧客為中心的漫遊與傾聽，贏得顧客的回響，AWS 如今是一個年營收三百億美元的事業，而且在快速成長中。

想像不可能做到的事

在全球零售業，現在的亞馬遜仍然是一個小角色，我們在全球零售市場所占的比重只有個位數的百分比，在我們營運的每個國家，有遠遠更大的零售業者，這主要是因為近九成的零售業務仍然是在實體店交易。多年來，我們考慮過如何用實體商店來服務顧客，但我們覺得必須先發明出確實能夠在那種環境下贏得顧客歡心的東西。Amazon Go

使我們有了一個清晰的願景——消除實體零售店中最糟糕的狀況：排隊結帳。沒人喜歡排隊等候，我們想像一家讓你走進去、拿了你想要的貨品後就離去的商店。

想做到這點，有難度，技術上的難度，需要全球各地許多聰明、用心投入的電腦科學家和工程師的努力。我們得設計和打造出專有的攝影機與貨架，發明新的電腦視覺演算法，包括能夠把數百部合作的攝影機拍攝的影像拼接起來，而且，**這些技術必須高超到隱沒在背景中，完全不被看見（法則8：化繁為簡）**。最終，我們獲得的回報是來自顧客的反應，他們用「神奇」二字形容在Amazon Go的購物體驗。現在，我們在芝加哥、舊金山與西雅圖有十家店，我們對未來發展充滿期待。

失敗也需要擴大規模

伴隨公司成長，所有東西都必須擴大規模，包括你失敗的實驗規模，若你的失敗規模未成長，你將無法做出能夠移動指針的投資規模。若亞馬遜偶爾出現數十億美元的失敗，那是因為我們正在進行夠大規模、相稱於我們公司規模的實驗。當然，我們不會漫不經心地進行如此規模的實驗，我們將努力使它們成為好賭注，但不是所有好賭注最終都將獲得回報。這種大規模冒險，有部分是我們做為一家大公司能夠為我們的顧客和社會提供的服務。對股東而言，好消息是，一次下注的大贏，遠遠足以彌補許多下注失敗的成本。

Fire Phone 和智慧型音箱 Echo 的研發約莫在同一時間開始，雖然，Fire Phone 是一項失敗，但我們運用從中獲得的學習經驗（以及開發人員）來加快 Echo 和 Alexa 的研發與打造。Echo 和 Alexa 的願景啟發自《星艦迷航記》裡的電腦，其構想也源自我們工作及漫遊多年的另外兩個領域：機器學習及雲端運算。從亞馬遜的早年起，機器學習就是我們產品推薦功能的一個必要部分，AWS 讓我們在雲端運算能力方面取得領先地位。經過多年的研發，Echo 在二〇一四年問世，由在 AWS 雲端運行的 Alexa 提供支援。

沒有顧客說他們想要 Echo 這樣的產品，這完全是我們在漫遊中獲得的洞察，市場研究並沒有幫上忙。二〇一三年時，若你詢問一個顧客：「你想不想要在你的廚房裡有一個像品客洋芋片筒大小的黑色圓柱體，一直開啟著，你可以跟它說話，問它問題，它能為你開燈及播放音樂？」我保證，他們會用奇怪的眼神看著你，說：「不要，謝謝。」

自第一代 Echo 問世以來，顧客已經購買了超過一億部 Alexa 支援的設備。去年，我們把 Alexa 了解要求及回答問題的能力提升了超過二〇%，並增加了數十億條事實，增強Alexa的知識。開發人員把Alexa的技能倍增至超過八萬種，使用者在二〇一八年對Alexa說話的次數比二〇一七年增加了數百億次。二〇一八年，內建Alexa的設備數量增加超過一倍，現在，內建Alexa的產品有一百五十多種，包括耳機、個人電腦、智慧型家用設備等等，未來還會有更多！

最後，還有一件事。如同我在二十多年前的第一封致股東信中所說的，我們聚焦於雇用及留住多才多藝、能幹、能夠**像業主般思考**（法則10：倡導業主精神）的員工。為此，我們必須投資員工，跟亞馬遜內部的其他許多事務一樣，我們**不僅使用分析**，**也使用直覺**（法則13：評量重要的東西，質疑你評量的東西，信賴你的直覺）與心來找出我們的前進道路。

去年，我們把全職、兼職、臨時和季節性員工的最低工資調高至時薪十五美元。這次調薪的受惠者包括二十五萬多名亞馬遜員工，以及去年節日期間全美各地亞馬遜據點雇用的十萬多名季節性員工。我們深信，投資於員工有益於事業發展，但這不是我們做出此決策的原因，我們向來提供具有競爭力的工資，但我們認為該是帶頭把工資提高到超過具有競爭力水準的時候了。我們這麼做，是因為這似乎是正確而該做的事。

現在，我挑戰我們的頂尖零售業競爭對手（這些競爭者大家心裡有數，你們知道我說的是誰！）：向我們的員工福利和最多時薪十五美元看齊，做吧！甚至做得更好些，調高到十六美元，回頭挑戰我們。這是能夠使所有人受益的競爭。

我們為員工推出的許多其他方案，出自我們的頭腦，也發自我們的內心。我之前提過我們的「職業選擇」（Career Choice）方案，支付高達九五％的學費，讓我們的同仁取得就業市場高需求職業領域的證書或文憑，縱使那些職業將使他們離開亞馬遜，也沒關係。目前已有超過一萬六千名員工利用此方案，這數字還在繼續增加當中。同樣地，我們的「職業技能」（Career Skills）方案為我們的時薪同仁提供重要工作技能的訓練，例如履歷表撰寫技巧、有效溝通技巧、電腦基礎知識與實務。延續我們在這方面的努力，去年十月，我們簽署「總統對美國工作者的許諾」（President's Pledge to America's Workers），宣布我們將透過各種創新的培訓方案，提升五萬名美國員工的技能水準。

我們的投資非僅限於當前既有員工或甚至當下的臨時員工，為了培訓未來的人力，我們已經承諾投資五千萬美元，包括透過最近宣布的「亞馬遜未來工程師」培育方案，以支持全美各地小學、中學與大學學生的STEM（科學、技術、工程、數學）及電腦科學（CS）教育，特別聚焦於吸引更多女孩及弱勢族群加入這些專業領域。我們也繼續採用非常有才能的退伍軍人，我們先前承諾將在二〇二一年之前雇用二萬五千名退伍軍人及軍人配偶，截至目前為止，我們實踐這項承諾的進展相當不錯。我們透過「亞馬遜技術性退伍軍人學徒」（Amazon Technical Veterans Apprenticeship）培訓方案，為退伍軍人提供雲端運算等領域的在職訓練。

非常感謝我們的顧客讓我們服務你們，且總是挑戰我們去做得更好。也非常感謝我們股東的持續支持，以及我們全球各地的員工，感謝你們的努力及開創精神。亞馬遜的所有團隊傾聽顧客的聲音，為他們漫遊！

一如既往，我附上一九九七年致股東信的副本，我們**仍然處於第一天**（**法則14：保持「第一天」心態**）。

傑佛瑞．貝佐斯
亞馬遜公司創辦人暨執行長

亞馬遜的常用詞彙

1-click shopping®（1鍵購買）：亞馬遜於一九九八年推出的一種購物方法，顧客把他們使用的支付工具的詳細資料儲存在亞馬遜的伺服器裡，日後，只需要滑鼠點選一下，即可完成購買。亞馬遜於一九九九年取得此方法的專利權。

Amazon as The World's Most Customer-Centric Company（舉世最以顧客為中心的亞馬遜公司）：貝佐斯一再使用這句話，強調顧客是亞馬遜的聚焦點（節錄自亞馬遜向美國證管會申報的 10-K 財報）。

Amazon Fresh（亞馬遜生鮮）：雜貨服務（以及不同種類的約五十萬種品項），先在西雅圖嘗試了五年，再於其他城市推出。

Amazon Lockers（亞馬遜寄物櫃）：安全的自助寄物櫃，讓你可以在你方便的時間和地點領取亞馬遜遞送的包裹。

Amazon Marketplace（亞馬遜市集）：二〇〇一年時，這個平台讓第三方賣家在相同於亞馬遜直接銷售的產品的網頁上展售他們的產品，使他們能夠直接接觸亞馬遜的顧客。第三方賣家支付給亞馬遜的佣金是每筆銷售額的一個比例，平均為一五%。

Amazon Web Services（亞馬遜雲端運算服務，簡稱 AWS）：一個安全可靠的雲端服務平台，提供電腦運算力、資料庫儲存、內容傳遞與其他功能，幫助企業擴大規模與成長。

American Customer Satisfaction Index（美國顧客滿意度指數）：簡稱 ACSI，評量美國的廣泛產品與服務的顧客滿意度，也被視為一種經濟指標。此評量模型由密西根大學全國品質研究中心（National Quality Research Center）的研究員於一九九四年推出。

Amazon Auctions（亞馬遜拍賣）：亞馬遜於一九九九年推出的重要平台之一，據報是為了和 eBay 競爭，但以失敗收場，轉變成另一種名為「zShops」的實驗，後來轉型為亞馬遜市集。

AWS：參見 Amazon Web Services。

Capital Efficient Busines Model（資本效率商業模式）：貝佐斯在一九九九年致股東信中討論這個名詞，當時，亞馬遜年營收已達二十億美元，但只需不到六億美元的存貨及固定資產，而且，過去幾年累計只使用了六千二百萬美元的營運現金。這有利於該公司的持續成長。

Career Choice（職業選擇）：亞馬遜支付九五%學費，讓其員工進修就業市場高需求職業領域的課程。

Chaotic Storage（混亂倉儲法）：為了盡量利用貨架空間，貨品被存放在任何有空間的貨架上，因此，貨架上的任何一個儲物箱裡可能存放了五種完全不同的貨品。據估計，這種方法使亞馬遜能夠以相同的貨架空間儲存比傳統倉儲制度高出二五%的存貨量，然後，亞馬遜使用科技，綽綽有餘地彌補這種混亂倉儲法的欠缺效率。

Contacts Per Order（每筆訂單點擊次數）：亞馬遜用以衡量顧客滿意度的最重要指標之一，計算每個顧客的每筆訂單點擊了多少次。

Customer Experience Pillars（顧客體驗支柱）：亞馬遜堅信，顧客重視低價格、大量選擇，以及快速便利的遞送，長久來說，這些將是持續不變的需求。

Distribution Center（配送中心）：亞馬遜早年的倉庫及存貨中心，最早的配送中心是一九九七年於西雅圖和德拉瓦州設立的，以這些為據點，開始發展其配送網絡。

Fulfillment by Amazon（亞馬遜物流服務，簡稱ＦＢＡ）：亞馬遜有全球最先進的物流網絡之一，供應商可以把產品存儲於亞馬遜物流中心，亞馬遜為這些產品揀貨、包裝、出貨與提供客服。ＦＢＡ幫助賣家擴大規模，觸及更多顧客，賣家平均支付一五%佣金給這項服務。

Fulfillment Center Network（物流中心網絡，簡稱ＦＣ）：供應商把貨品運送至物流中心，由亞馬遜為他們出貨給顧客。對許多線上商店來說，存貨管理是一個普遍的營運問題，但這是創造最佳顧客體驗的重要環節。

Global Selling Program（跨境銷售專案）：貝佐斯指出，在二〇一七年成長超過五〇%的這項專案，使中小型企業可以跨國銷售產品（針對可以在其他國家銷售產品的亞馬遜市集賣家）。

Historical Purchase Data（以往購買資料）：亞馬遜做出購買決策時使用的公式的成分之一，檢視一項產品被購買的頻率，以評估及預測顧客需求。

Information Snacking（淺涉資訊）：貝佐斯在二〇〇七年致股東信中談到人們如何和他們的工具共同演進時使用的一個名詞：新技術已經把我們引領到了以七零八碎方式攝取資訊的境界，他說，人們的注意力持續時間變得更短了。

Instant Order Update（即時訂單更新）：亞馬遜網站的一項功能，提醒你，你曾經買過這項產品，以防你不小心重複購買相同產品。

Leave Share（給薪特休假分享）：亞馬遜的給薪育嬰假政策。若亞馬遜員工的配偶或伴侶的所屬雇主未提供給薪育嬰假，該員工若提前返回工作崗位，其未使用完的給薪育嬰假天數薪資將照樣發給，等於是給付給代替他（她）照顧新生兒的配偶或伴侶。

Look Inside the Book（瀏覽書籍內頁）：亞馬遜在二〇〇〇年增加的一項功能，顧客若對一本書感興趣，可以瀏覽高解析度的書封及部分內頁。

Personalization（個人化）：了解顧客的偏好，尋求改善亞馬遜網站，以便更迎合這些顧客偏好。

Price Elasticity（價格彈性）：貝佐斯指出，儘管亞馬遜其實可以提高價格，但仍然反其道，降低價格。他說，亞馬遜有關於價格彈性的足夠資料，使其能觀察到，價格降低可以令銷售量提高一定的百分比。

Ramp Back（逐步回歸）：在亞馬遜工作、需要照顧小孩的母親，可以有一段緩衝期間縮減工作時數，以便較輕鬆地漸漸調整回正常工作步調。

Resist Proxies（拒絕代理）：貝佐斯指出，伴隨公司成長，很容易出現去管理「代理」的現象，流程就是這種代理的例子之一。代理的危險性是，代理變成實際的東西或產品，或是變成受聚焦的東西；代理只是一種過程、手段，現在卻取代了結果，成為聚焦點。貝佐斯指出，公司必須主宰流程，而不是反過來。

Search Inside the Book（搜尋書籍內頁）：使用者可以瀏覽一本書的部分數位內頁，以幫助他們決定是否購買此書。

Search Suggestions（搜尋建議）：亞馬遜在二〇〇六年增加的一種功能，使用者可以輸入頭幾個字母，搜尋引擎將立即呈現建議字或詞彙。

Self-Service Nature of Platforms（平台的自助性質）：貝佐斯強調，平台的自助性質有助於激發創新，因為，就算是最立意良善的守門人，也可能窒礙進步，尤其是那些看似不太可能實現的創新點子。亞馬遜物流服務就是自助平台的一例。

Seller Flex（賣家彈性）：首先在印度推出的一種方案，測試亞馬遜可以如何針對當地物流及顧客的需求，調整其物流中心網絡。亞馬遜把當地賣家的倉庫納入其物流網絡，提供營運基礎設施及作業程序。截至二〇一五年，在印度的十個城市已有二十五個運作據點。

Service-Oriented Architecture（服務導向架構，簡稱SOA）：考慮到亞馬遜技術的主要基石，該公司早在SOA成為流行術語之前就已經推出這種模式。亞馬遜技術被當成服務項目來實行，讓他們能夠以自己的步調演進與發展。

Skills-Forward（技能推進）：貝佐斯指出，這包含辨識組織內的技能，思考可以進一步應用它們的方式。不過，他警告，光是這種做法，並非一種好策略，因為現有技能最終可能變得過時。

Super Saver Shipping（超省錢免運費服務）：自二〇〇一年開始，訂單金額超過二十五美元，即可免運費。

Transportation Hubs（**運輸樞紐**）：亞馬遜在決定於何處設立物流中心時，考慮哪些地點為運輸樞紐，目的是做到最有效率、最快速的產品出貨與遞送。

Weblab（**網站實驗室**）：亞馬遜的內部實驗平台，用以評估產品、網站與其他改進事項。

Working Backwards（**回推法**）：貝佐斯指出，這指的是辨識顧客需求，繼而發展滿足這些需求的新技巧與能力。這是和「技能推進」搭配的一種策略。

zShops：亞馬遜拍賣的後續版本，讓從個人到公司的任何單位可以在此平台上建立一家線上商店。

致謝

撰寫一本書，不是一項獨力工作。從浮現構想，到把初步思想寫下來，到撰寫初稿，到傳送完稿，這需要很多人的參與。我衷心感謝一路陪伴我及幫助我的所有人，我是個幸運的人。我想感謝……

我的太太凱倫，自從上帝使我們在高中時代透過「年輕生命」這個組織結識彼此，四十七年來，妳一直是我的支持擁護者。感謝妳的鼓勵（好吧，或許是有點嘮叨）、奉獻、愛與對我的信任。謝謝二字不足以表達我對妳的感激之情，我對妳的愛，無以言表。

我的女兒及她們的先生：Kelly and Aaron Fish，Stephanie and Dustin Diez。太感謝我的女兒了，妳們是很棒的妻子暨母親，看到妳們的愛心、耐心與為妳們的家庭奉獻一切的意願，太美好了。我的兩個女婿，感謝你們對我的女兒的愛與關懷，身為她們的父親，我對你們別無所求了。

我的孫子女：Connor、Avalyn、Declan、Emma Jane、Brayden、August，以及Kinsley Rae，唯一比當個爸爸更好的事情就是當你們的「爺爺」。

我的家人：我的父親是個特別的男人，我感謝當小時候在華盛頓哥倫比亞特區跟他相處時，他培育了我對科技的喜愛，我想，他和我的母親應該會喜歡這本書。Peggy 是最棒的姐姐了，她以身作則地教我，下定決心，專心致志，就能成就你想做到的。我想，她和我的哥哥 Dave 也會喜歡這本書。我想念他們。

我在田納西州富蘭克林市的朋友們：感謝你們的鼓勵與支持，我享受有你們的人生：Les and Patsy Clairmont、Ken and Diane Davis、Michael and Gail Hyatt、Dan and Joanne Miller、Ian and Anne Cron，以及 Chris Elrod。

我的導師：Jack Shreffler 和 Bill Cadenhead，感謝你們鼓勵我研究與測試。

我的事業支持者及朋友：非常感謝我的 Inner Circle Group，Duke Williams 總是提供具有深刻見解的談話，Ross Dik 幫助我思考十四條成長法則，Kurt Huffman 及 Mark Parrish 花時間審閱，提供精闢反饋意見，並鼓勵我勇往直前。謝謝你們以及聽我講述以測試這些思想的許多人。

特別感謝 Michael Hyatt 為本書寫推薦序，以及 Michael Hyatt and Co. 的團隊：Joel and Megan Miller（Joel，希望你知道我有多麼感謝你的支持）、Chad Cannon、Deidra Romero，以及這支優異團隊的其他人。

Michael Hyatt 的 BusinessAccelerator® 為我提供一個架構，使我在漫長的混亂過程中，仍然能夠聚焦於我的目標。非常感謝 BusinessAccelerator 裡的朋友們的鼓勵。

對本書原稿提供優異反饋的朋友們：Marji Ross（妳的洞察很寶貴）、Debbie Dunham，以及 Susie Miller。

我的出版商：摩根詹姆斯出版公司（Morgan James Publishing），創辦人 David Hancock（感謝協助構想本書書名）、Karen Anderson（是的，我太太，副發行人）、Jim Howard、Margo Toulouse、Bethany Marshall、Nickcole Watkins，以及摩根詹姆斯出版公司的所有同仁。感謝你們的鼓勵，以及對出版一本最能呈現我的訊息的書籍所付出的努力。

我的編輯／作家暨友人：Nick Pavlidis 是一個多才多藝的人，身為一名作家、律師暨創業者，他很早就看出本書的願景，並且幫助我實現這個願景，他的能力幫助本書更明晰、實用且有趣。Nick，感謝你為實現本書所做的一切。也感謝 Jennifer Harshman 的專業編輯與校正工作，撰寫本書的計畫涉及這麼多動態部分，妳的專業和對細節的注意，太寶貴了。

我的得力助手：Sissi Haner 為我提供所有的電腦作業技術支援，她聰明、負責、對細節一絲不苟。她擔任我的「後勤」多年，沒有她，我很多工作都做不成。她對本書及我的職業工作貢獻，難以計量。

最後要感謝的是我的書籍教練：我的太太凱倫是我的合著者、編輯、發行人暨書籍教練（我用為她做很多頓晚餐交換來的！）。她為我提供她對無數作者提供的服務——她幫助他們出版著作，使那些書變得易讀、有趣、確實傳達訊息。不消說，我高度推薦她（StrategicBookCoach.com）。親愛的，謝謝妳所做的一切，幫助我把夢想化為現實。

我很幸運有許多珍貴的朋友，若我未能在此提及你們的姓名，並不意味著你們對我沒那麼寶貴與重要，我衷心感謝你們。

我再次向所有人致上最深切的感謝，這本書是為了改變世界，幫助各地的企業像亞馬遜那樣地成長。

注釋

1. “2010 Baccalaureate Remarks.” Princeton University. Accessed April 30, 2019. https://www.princeton.edu/news/2010/05/30/2010-baccalaureate-remarks.
2. “Annual Reports, Proxies and Shareholder Letters.” Accessed March 1, 2019. https://ir.aboutamazon.com/annual-reports.
3. “AWS Culture.” Amazon. Accessed March 1, 2019. https://aws.amazon.com/careers/culture/.
4. “Leadership Principles.” Amazon. Accessed March 1, 2019. https://www.amazon.jobs/en/principles.
5. Blodget, Henry. “I Asked Jeff Bezos The Tough Questions—No Profits, The Book Controversies, The Phone Flop—And He Showed Why Amazon Is Such A Huge Success.” *Business Insider*. December 13, 2014. Accessed April 30, 2019. https://www.businessinsider.com/amazons-jeff-bezos-on-profits-failure-succession-big-bets-2014-12.
6. Kranz, Gene. *Failure Is Not an Option: Mission Control from Mercury to Apollo 13 and Beyond*. New York:

Simon & Schuster Paperbacks, 2009.

7. Hosking, Julie. “The Men Behind the Moon Landings.” The West Australian. May 05, 2018. Accessed April 30, 2019. https://thewest.com.au/entertainment/theatre/to-the-moon-and-back-ng-b88796060z.

8. Blodget, Henry. “I Asked Jeff Bezos The Tough Questions—No Profits, The Book Controversies, The Phone Flop—And He Showed Why Amazon Is Such A Huge Success.”

9. “The David Rubenstein Show: Jeff Bezos.” Bloomberg.com. September 19, 2018. Accessed April 30, 2019. https://www.bloomberg.com/news/videos/2018-09-19/the-david-rubenstein-show-jeff-bezos-video.

10. “Amazon Lab126.” Amazon.jobs. Accessed April 30, 2019. https://amazon.jobs/en/teams/lab126.

11. DeGeurin, Mack. “From Online Books to Smart Speaker Behemoth: How Amazon Conquered the Bookstore and is Using it to Showcase What’s Next.” Medium. October 11, 2018. Accessed April 30, 2019. https://medium.com/predict/from-bookstore-to-smart-speaker-behemoth-how-amazon-conquered-the-bookstore-and-is-using-it-to-2f73e6eb10bf.

12. “Amazon.com Introduces New Logo; New Design Communicates Customer Satisfaction and A-to-Z Selection.” Amazon.com, Inc. Press Room. January 25, 2000. Accessed April 30, 2019. https://press.aboutamazon.com/news-releases/news-release-details/amazoncom-introduces-new-logo-new-design-communicates-customer.

13. Blodget, Henry. "Just the Latest Example of Why Amazon Is One of the Most Successful Companies in the World." Business Insider. December 09, 2012. Accessed April 30, 2019. https://www.businessinsider.com/why-amazon-is-one-of-the-most-successful-companies-in-the-world-2012-12.
14. Brand, Stewart. "About Long Now." The Long Now Foundation. Accessed April 30, 2019. http://longnow.org/about/.
15. "The 10,000 Year Clock." The Long Now Foundation. Accessed April 30, 2019. http://longnow.org/clock/.
16. 同上注。
17. Tweney, Dylan. "How to Make a Clock Run for 10,000 Years." *Wired*. June 23, 2011. Accessed April 30, 2019. https://www.wired.com/2011/06/10000-year-clock/.
18. Stoll, John D. "For Companies, It Can Be Hard to Think Long Term." *The Wall Street Journal*. December 03, 2018. Accessed April 30, 2019. https://www.wsj.com/articles/for-companies-it-can-be-hard-to-think-long-term-1543846491.
19. "Market Caps of S&P 500 Companies 1979 - 2019." SiblisResearch.com. April 03, 2019. Accessed April 30, 2019. http://siblisresearch.com/data/market-caps-sp-100-us/.
20. Haden, Jeff. "Best From the Brightest: Jim Collins's Flywheel." Inc.com. January 21, 2014. Accessed April 30, 2019. https://www.inc.com/jeff-haden/the-best-from-the-brightest-jim-collins-flywheel.html.

21. Griswold, Alison. "Amazon Just Explained How Whole Foods Fits into Its Plan for World Domination." Quartz. July 30, 2018. Accessed April 30, 2019. https://qz.com/1113795/amazon-amzn-just-explained-how-whole-foods-fits-into-its-plan-for-world-domination/.

22. Collins, Jim. "Turning the Flywheel." Jim Collins-Books-Turning the Flywheel. January 2019. Accessed April 30, 2019. https://www.jimcollins.com/books/turning-the-flywheel.html.

23. "A Conversation with Jeff Bezos." Forum on Leadership. Accessed April 30, 2019. https://www.bushcenter.org/takeover/sessions/forum-leadership/bezos-closing-conversation.html.

24. Porter, Brad. "The Beauty of Amazon's 6-Pager." LinkedIn. Accessed April 30, 2019. https://www.linkedin.com/pulse/beauty-amazons-6-pager-brad-porter.

25. Rogers, Everett M. *Diffusion of Innovations*. 5th ed. New York: Free Press, 2003.

26. Ciolli, Joe. "Amazon's $1 Billion Purchase of PillPack Wiped out 15 times That from Pharmacy Stocks—and It Shows the Outsize Effect the Juggernaut Can Have on an Industry." *Business Insider*. June 28, 2018. Accessed April 30, 2019. https://www.businessinsider.com/amazon-pharmacy-pillpack-acquisition-merger-showing-outsized-impact-2018-6.

27. "Amazon Fulfillment: FAQs." Accessed May 01, 2019. https://www.aboutamazon.com/amazon-fulfillment/faqs#how-many-fulfillment-and-sortation-centers-are-there-globally.

28. *Amazon Restricted Stock Units: Becoming an Owner. Amazon*. Accessed April 30, 2019. https://docplayer.

net/8162546-Amazon-restricted-stock-units.html.

29. Roth, Daniel. "Top Companies 2019: Where the U.S. Wants to Work Now." LinkedIn. April 3, 2019. Accessed April 30, 2019. https://www.linkedin.com/pulse/top-companies-2019-where-us-wants-work-now-daniel-roth/.

30. "Leadership Principles." Amazon.

31. Day One Staff. "How to Build Your Own Amazon Door Desk." *The Amazon Blog: Day One* (blog), January 16, 2018. Accessed April 30, 2019. https://blog.aboutamazon.com/working-at-amazon/how-to-build-your-own-amazon-door-desk.

32. Karlinsky, Neal, and Jordan Stead. "How a Door Became a Desk, and a Symbol of Amazon." *The Amazon Blog: Day One* (blog), January 17, 2018. Accessed April 30, 2019. https://blog.aboutamazon.com/working-at-amazon/how-a-door-became-a-desk-and-a-symbol-of-amazon.

33. "The Jeff Bezos of 1999: Nerd of the Amazon." Interview by Bob Simon. CBS News. January 18, 2018. Accessed April 30, 2019. https://www.cbsnews.com/video/the-jeff-bezos-of-1999-nerd-of-the-amazon/.

34. Yarow, Jay. "What It's Like Walking Around Amazon's Massive Offices In Seattle." *Business Insider*. June 24, 2013. Accessed April 30, 2019. https://www.businessinsider.com/what-its-like-walking-around-amazons-massive-offices-in-seattle-2013-6.

35. "In-person Interview." Amazon.jobs. Accessed April 30, 2019. https://www.amazon.jobs/en/landing_

pages/in-person-interview.

36. "Amazon Logistics." Amazon. Accessed April 30, 2019. https://logistics.amazon.com/marketing/opportunity.

37. "Drive with Uber—Make Money on Your Schedule." Uber.com. Accessed April 30, 2019. https://www.uber.com/us/en/drive/.

38. "Driving with Lyft Is Now Better than Ever." Lyft, Inc. Accessed April 30, 2019. https://www.lyft.com/driver/why-drive-with-lyft.

39. "Standards for Brands Selling in the Amazon Store." Amazon. Accessed April 30, 2019. https://sellercentral.amazon.com/gp/help/external/G201797950.

40. "Amazon Experimentation & Optimization." Amazon.jobs. Accessed April 30, 2019. http://www.amazon.jobs/en/teams/aeo.

41. "Jeff Bezos Reveals What It's like to Build an Empire and Become the Richest Man in the World—and Why He's Willing to Spend $1 Billion a Year to Fund the Most Important Mission of His Life." Interview by Mathias Döpfner. *Business Insider*. April 28, 2018. Accessed April 30, 2019. https://www.businessinsider.com/jeff-bezos-interview-axel-springer-ceo-amazon-trump-blue-origin-family-regulation-washington-post-2018-4.

42. Lane, Randall. "Bezos Unbound: Exclusive Interview With The Amazon Founder On What He Plans To

Conquer Next." *Forbes*. February 21, 2019. Accessed May 03, 2019. https://www.forbes.com/sites/randalllane/2018/08/30/bezos-unbound-exclusive-interview-with-the-amazon-founder-on-what-he-plans-to-conquer-next/.

43. "Jeff Bezos: Lake Forest Speech." C-SPAN.org. Accessed April 30, 2019. https://www.c-span.org/video/?c4620829/jeff-bezos.

44. Davenport, Christian. *Space Barons: Elon Musk, Jeff Bezos, and the Quest to Colonize the Cosmos*. Thorndike Press, 2018.

45. Bechtel, Wyatt. "World's Richest Man Learned Work Ethic as a Kid on a Cattle Ranch." Drovers. May 22, 2018. Accessed April 30, 2019. http://www.drovers.com/article/worlds-richest-man-learned-work-ethic-kid-cattle-ranch.

46. 同上注。

47. "Jeffrey P. Bezos on Passion." Academy of Achievement: Keys to Success. Accessed April 30, 2019. https://www.achievement.org/video/bez0-pas-005/.

48. Digital image. Miami Herald Online Store. March 2, 2011. Accessed April 30, 2019. http://miamiheraldstore.mycapture.com/mycapture/enlarge.asp?image=34796019&event=1197554&CategoryID=58651.

49. "Brought to Book." Interview by Andrew Smith. *The Guardian*. February 10, 2011. Accessed April 30, 2019. https://www.theguardian.com/books/2001/feb/11/computingandthenet.technology.

50. "Our Mission." Blue Origin. Accessed April 30, 2019. https://www.blueorigin.com/our-mission.

51. "Interview: Jeff Bezos Lays out Blue Origin's Space Vision, from Tourism to Off-planet Heavy Industry." Interview by Alan Boyle. April 13, 2016. Accessed April 30, 2019. https://www.geekwire.com/2016/interview-jeff-bezos/.

52. "Our Mission." Blue Origin.

推薦書籍

Brandt, Richard L. *One Click: Jeff Bezos and the Rise of Amazon.com* Portfolio/Penguin, 2012.（中文版《Amazon.com 的祕密》，天下雜誌，二〇一二年）

Collins, Jim. *Good to Great*. HarperCollins, 2001.（中文版《從 A 到 A＋》，遠流，二〇〇二年）

Collins, Jim. *Turning the Flywheel*. HarperCollins, 2019.

Davenport, Christian. *The Space Barons: Elon Musk, Jeff Bezos, and the Quest to Colonize the Cosmos*. Public Affairs, 2018.

Galloway, Scott. *The Four*. Penguin, 2017.（中文版《四騎士主宰的未來》，天下雜誌，二〇一八年）

Hunt, Helena. *First Mover: Jeff Bezos In His Own Words*. Agate B2, 2018.

Kranz, Gene. *Failure Is Not an Option*. Simon & Schuster, 2009.

MacGregor, JR. *Jeff Bezos: The Force Behind the Brand*. CAC Publishing LLC, 2018.

Piscione, Deborah Perry. *The Risk Factor*. St. Martin's Press, 2014.

Rossman, John. *The Amazon Way on IoT*. Clyde Hill Publishing, 2016.

Rossman, John. *Think Like Amazon: 50 1/2 Ideas to Become a Digital Leader*. McGraw-Hill Education, 2019.

Stone, Brad. *The Everything Store*. Little, Brown and Company, 2013.（中文版《貝佐斯傳》，天下文化，二〇一六年）

Taleb, Nassim Nicholas. *The Black Swan*. Random House Trade Paperbacks, 2010.（中文版《黑天鵝效應》，大塊文化，二〇一一年）

Walton, Sam, and John Huey. *Sam Walton, Made in America*. Bantam Books, 1993.（中文版《Wal-Mart 創始人山姆・沃爾頓自傳》，智庫，二〇〇六年）

貝佐斯致股東信全集（一九九七年起～）

參見網址：https://ir.aboutamazon.com/annual-reports

國家圖書館出版品預行編目(CIP)資料

貝佐斯寫給股東的信：亞馬遜14條成長法則帶你事業、人生一起飛／史帝夫・安德森（Steve Anderson）、凱倫・安德森（Karen Anderson）著；李芳齡譯. -- 初版. -- 臺北市：大塊文化, 2019.12
352 面；14.8 x 20 公分. -- (touch ; 69)
譯自：The Bezos letters : 14 principles to grow your business like Amazon
ISBN 978-986-5406-39-4 (平裝)

1.亞馬遜網路書店(Amazon.com) 2.企業管理 3.職場成功法

494 108019475

LOCUS

L O C U S